俞天琦 著

绿色建筑设计原理

中国建筑工业出版社

图书在版编目（CIP）数据

绿色建筑设计原理 / 俞天琦著 . — 北京：中国建
筑工业出版社，2022.10（2023.8 重印）
ISBN 978-7-112-27778-0

Ⅰ.①绿…　Ⅱ.①俞…　Ⅲ.①生态建筑—建筑设计
Ⅳ.① TU201.5

中国版本图书馆 CIP 数据核字（2022）第 154890 号

本书是一本关于绿色建筑设计的书，包括可持续发展路径、绿色建筑风环境优化、
光环境优化、热环境优化、遮阳系统设计、节水系统设计，以及绿色建筑材料应用等。
作者将绿色建筑这个大系统拆解建构成多个子系统，形成独立章节。每个章节均以"理
论原理—方法策略—技术构造—关联案例"的逻辑展开。书中包含大量配图，利用图示
语言解析绿色建筑的专业知识，具有很好的易读性和可视性，使本书不仅适用于科研工
作者、建筑师、学生等专业读者研读，还推动了绿色建筑的高质量发展及社会化推行。

责任编辑：黄习习　徐　冉
责任校对：赵　菲

绿色建筑设计原理

俞天琦　著

*

中国建筑工业出版社出版、发行（北京海淀三里河路 9 号）
各地新华书店、建筑书店经销
北京雅盈中佳图文设计公司制版
北京市密东印刷有限公司印刷

*

开本：787 毫米 ×1092 毫米　1/16　印张：10　字数：199 千字
2022 年 8 月第一版　2023 年 8 月第二次印刷
定价：49.00 元
ISBN 978-7-112-27778-0
（39968）

序

绿色建筑和可持续性设计是人类建筑文明不断进步的历史必然。

近年来，环境危机的频发，人与自然深层次矛盾的日益呈现，给人类生存和发展带来严峻挑战。2020 年 9 月，应对气候变化的《巴黎协定》代表了全球绿色低碳转型的大方向。随后我国制定的"2030年前碳达峰"和"2060 年前碳中和"的目标，意味着作为世界上最大的发展中国家，将以非凡的勇气与决心完成全球最高碳排放强度降幅，用全球历史上最短的时间实现从碳达峰到碳中和的转变。绿色发展不仅成为我们国家的战略决策，而且已经在世界范围达成共识。绿色健康、绿色创新、绿色设计已然成为人类文明的必经之路。

我们的国家正处在飞速发展的阶段，城市的建设与更新每天都在发生，建筑在环境危机中扮演了重要的角色。如何使建筑拥有生命？如何使建筑的全生命期实现"从摇篮到摇篮"的可持续性转变？如何使人、建筑与环境和谐共生？设计师们担负着社会可持续发展的重要责任，他们是推动城乡进步的实施者，是绿色建筑的设计者，是健康生活的缔造者，是生态环境的改造者。《绿色建筑设计原理》这本书，在这样的时代背景下，结合作者多年的积累，对"为什么"要走绿色建筑发展之路，"什么是"当代绿色建筑，"怎样做"绿色建筑及可持续性设计，给出了自己的理解与答案。

本书的作者俞天琦是我的硕士、博士研究生，跟随我学习工作多年。毕业后她进入北京建筑大学执教，我仍很关注她的发展。她在日常的科研、教学中也时常来问我的意见，虽然见面机会远少于在校学习的时期，但师生的感情却愈加深厚。她做事执着，认准一件事儿有意义，会不遗余力地投入学习，研究实践。硕士、博士阶段的论文选题研究撰写，参与工程设计实践，以及工作后致力于绿色建筑设计及理论研究均是如此，都有这么一股子劲头。也正是因为多年的积累和热爱，使她坚定地投入绿色建筑教学、科研、实践当中，并取得了不少成绩。

翻看本书感受到，书的核心思想是用设计的方法引导绿色建筑实践，绿色建筑的设计关联着技术与艺术这两个不同层面的问题，书中并没有将研究的重点落在单一的层面，而是关注二者之间的协同关系，以建筑师的角度，表现绿色创新以及绿色设计之美。书的表达方式，摒弃了晦涩的理论名词、复杂的构造图纸、抽象的艺术理念，取而代之的是以一种轻松、清楚、清新的图解语言，将这些内容直观易懂地呈现给读者，通过图解的方式解析绿色建筑的专业知识，使之具有更好的易读性和可视性。书的章节组织，采用平行专题式设计，每个章节相对独立、逻辑自洽，这种方式既利于剖析讲解，又遵循读者认知的思路，便于读者学习实践。

天琦工作以来，一直承担学院绿色建筑系列课程的主讲教师工作，现在看来这是一本从教学中来，结合多年的科研、实践经验，形成的教科融合型专著。与其他研究型著作视角有所差异，思路也不尽相同，但恰恰非常适合原理型著作的撰写逻辑。这本书不仅可以面向专业读者，还有利于绿色建筑知识的普及和认知。对于建筑院校的师生，尤其是对于刚开启绿色建筑设计之路的同学来说，是一本难得的、有针对性的好书。

　　建筑师创作的时候，要将多种绿色要素有机融合，因时因地、因势利导地系统性解决问题，这样的建筑才能与环境融为一体，作品才有了"勃勃生机"。同样，这本学术著作的出版，也因为作者的倾心浇灌，日积月累，而有了"温度"，希望这个"温度"能够传递给每位读者，提供有益的指导和参考。

中国工程院院士哈尔滨工业大学建筑设计研究院院长

2022 年 6 月 30 日

前言

工作第十一个年头，有了这本书。

这本书起源于我参加工作即开始讲授的一门课程《绿色建筑设计原理》，这本书又远远不止于一门课程。它蕴含了我对绿色建筑及可持续性设计的理解，有我作为一名建筑师对绿色设计方法的"习""得"，也有做教师多年对学生学习逻辑的认知。

写这本书的念头产生于一年前，彼时突然想对自己多年的积累做个梳理，自觉手里的资料已经比较充足，但真正动起手来，还是花了整整一年的时间。即便如此，今时今日，仍惴惴不安，还有很多可以做得更好的地方。但无论如何，正如我的导师梅先生谈到的，虽是一本书，经过精心浇灌，捧在手中的时候，却也觉得有了温度。

作为一名长期从事绿色建筑领域理论与实践研究的教师，恰逢我国实施"双碳"战略目标，全面推进建筑领域"零能耗"的时机，慨叹行业需求的同时，也产生了沉甸甸的责任感。绿色建筑是时代发展的必经之路，也是一条很长很长的路。我们首先要了解环境危机的严重性，才能意识到可持续发展的必要性；我们首先要从思想上建立正确的生态观，才能真正从行动上践行绿色建筑价值观；我们首先要构建绿色设计的方法论，才能准确适宜地在建筑实践中加以运用。

本书第一章是走绿色建筑发展之路的缘由。这部分主要阐释了地球环境危机、绿色建筑的相关概念和世界绿色建筑的发展。这是在新的社会背景下对绿色建筑的阐释，是我们做绿色建筑设计的基础。后面是六个平行章节，分别对绿色建筑风环境、光环境、遮阳系统、热环境、节水系统、绿色建材等的设计优化，进行了研究和阐释。

为什么以"专题"来构建章节呢？建筑是个大的系统，由多个子系统协同运行。将每个子系统相对独立地拆解开来，既可以明晰它的工作原理和设计方法，又可以拓展研究内容在这个方向上的深度和广度。本书各个章节基本遵循原理阐释、设计方法、典型技术、构造措施，以及在这个方向上的应用解析。这种方式，使读者即使没有从头到尾阅读，翻开所需章节，仍可以比较全面深入地了解这个子系统的设计要点。但是，我们需要关注的仍是多个目标的协同关系，拆开来论述，是为了阐释得清晰，使方法和技术更具有操作性，但绿色建筑设计仍是一个系统整合全专业、全周期、全产业的过程。

为什么谈设计的"优化"呢？建筑设计是需要正向引导的，引导的目标即是优化。本书主要面向的是建筑师、准建筑师，或希望从建筑师的视角了解绿色建筑的读者。因此，这些内容，既是对建筑设计的正向引导，也是对专业知识的凝练提升。

为什么用"图解"的方式表达呢？本书包含了大量案例解析，目的是使这本书更具有实操性。在撰写之初，也想了很多方法来表达，最终选择这种轻松的方式，是因为绿色建筑就是要为人们提供舒适健康的生活环境，我们学习它也应该本着这样的体验，建筑师才能够做出更好的设计。相反，晦涩枯燥会阻碍知识的获取。另外，这本书还有相应的同名慕课，已经在多个平台（如学习强国APP、学银在线等）上线，由我本人讲解，与书中的内容相映成趣，感兴趣的读者可以自行检索，大概是一种更加生动的图解方式吧。

　　我的愿望是，有朝一日，建筑真的如植物一般，生于自然、长于自然，那我们需要做的，就是精心呵护了……

2022 年 7 月 30 日

目　录

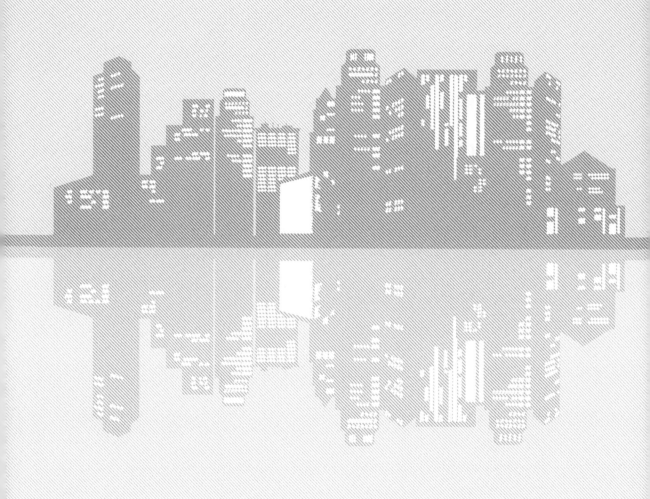

绿色建筑的发展之路

　　神话中有一种名叫欧伯罗斯的怪兽，可以吞食自己不停生长的尾巴而长生不死，它象征不断改变形式但永不消失的物质与精神的统一，也隐喻着毁灭与再生的无尽循环。如果人类能够像欧伯罗斯一样，不消耗外界资源而自我生生不息的话，世界上就能减少资源争夺，也就不会导致今天的地球环境危机了。

（a）海平面上升 1　　（b）海平面上升 2

（c）流行病传播　　（d）极端天气

图 1-1　环境危机带来的严重后果

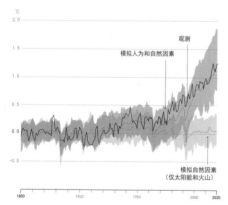

图 1-2　1850~2020 年地球表面温度变化曲线

1.1　为什么要走可持续发展之路

1.1.1　环境危机给人类带来严重后果

地球正在面临着巨大的环境危机。

全球大气层和地表之间形成一个巨大的温室，使地球表面始终维持着一定的温度，提供适于人类和其他生物生存的环境。由于过量的二氧化碳和其他温室气体的排放，造成地球表面温度的逐渐上升。目前大气中的二氧化碳水平已经上升到令人震惊的水平。哈佛大学能源政策和应对气候变化研究专家、物理学家约翰·霍尔德伦（John P.Holdren）形象地形容："你的身体的体温通常是 37℃，当它仅仅升高 2℃ 到达 39℃ 时，会出现什么问题？你的身体这时出现了大问题，它在发烧。这种变化和地球表面温度升高是一个道理。"联合国领导政府间气候变化专门委员会（IPCC）在《气候变化 2021》中指出，近年来，全球温度在持续升高（图 1-1、图 1-2），2020 年全球平均温度较工业化前水平高出约 1.2℃，人类活动造成的气候变化已经影响到全球各个区域。

（1）海平面上升对岛屿国家和沿海城市造成威胁

近百年来，全球海洋表面平均温度上升了 0.89℃，并在 20 世纪 90 年代后显著加速。这导致冰山冰河大量溶解，海平面上升，对岛屿国家和地势低洼的沿海国家造成威胁。一些岛国将面临着消失的危险（图 1-3~图 1-5）。

图 1-3　海平面上升与风暴潮

（a）城市海岸线现状　　（b）海平面上升 1m，将淹没的城市范围

图 1-4　佛罗里达州好莱坞

 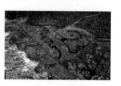

（a）城市海岸线现状　　（b）海平面上升 1m，将淹没的城市范围

图 1-5　加利福尼亚州福斯特

（2）全球变暖影响和破坏了自然界的生物链和食物链

全球变暖影响和破坏了自然界的生态环境。二氧化碳可以促进植物生长，但在高能浓度二氧化碳条件下，植物枝叶中含氮量减少，提供给食草动物的营养减少，最终将导致生态系统崩溃和物种逐渐灭绝。由于近几年冬天不够寒冷，甲虫在冬季仍能够存活，它们的侵扰使数百万公顷的松树林干枯死亡（图1-6）。

（3）较暖的气温给各种流行病提供了可传播的机会

气候变暖使蚊虫类疾病传播现象越来越普遍，一些热带疾病（如疟疾等）向较冷的地区传播。疾病的肆虐，给人类生存带来巨大危机。（图1-7）。

（4）极端天气频繁出现

异常气候现象渐成常态。2011年，干旱、洪涝两个矛盾的极端气象在中国长江中下游接连上演。4、5月，长江中下游地区一些湖泊干涸见底，裂开的湖底变成草原。进入6月，人畜干渴急转为暴雨肆虐，上百万人遭遇洪灾。前一天还在紧张抗旱，24小时候就需进入防汛抗洪中，这种"旱涝急转"的形势日益严峻。同年，澳大利亚先是千年一遇的干旱天气，接着是鼠患，之后又是75年一遇的严重蝗灾，还未恢复，又来了200年一遇的大洪水（图1-8）。

（5）酸雨情况严重，相关疾病增多

由于人类大量消耗化石燃料，使雨水的酸度年年上升，有时甚至比醋酸还酸。各种皮肤疾病的发病几率上升（图1-9、图1-10）。

1.1.2　建筑在环境危机中扮演的角色

建筑产业对环境的破坏是超乎想象的。

造成环境问题的因素很多，除了建筑产业，还可以归咎于激增的人口数量、繁忙的交通系统、工业化的农耕、肉食性的餐饮和我们时不时想要拥有更多东西的非理性的欲望。那么，在环境危机中，建筑到底扮演了怎样的角色？

据统计，全球的建筑相关产业，消耗了地球近半数的水资源、原材料资源，造成农地损失，同时产生大量温室气体、水污染、固体废弃物……同时，建筑产业也是地球

（a）植物含氮量减少

（b）树木干枯死亡

图1-6　生态系统崩溃

图1-7　疾病传播愈加普遍

（a）干旱示意图

（b）洪涝示意图

图1-8　极端天气示意图

图 1-9   臭氧层破坏

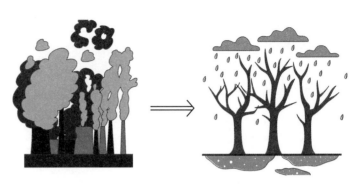

图 1-10   化石燃料的消耗带来的酸雨危机

环境污染的最大来源之一（图 1-11、图 1-12）。例如，新加坡为实施 2004-2015 年的海岸开垦工程，每年需从印度尼西亚进口 3.21 亿~3.37 亿 m^3 的海沙，导致印度尼西亚的尼帕岛消失（图 1-13）。

建筑还是生态环境的杀手。据科学家、鸟类学家指出，每年有大量鸟类撞死在建筑物上，尤其在午夜或阴雨浓雾日死伤特别多。由于办公大楼对外的夜间照明系统很容易干扰鸟类自身的巡航系统，鸟类重复环绕大楼而飞，然后撞楼而死，有的则飞行至筋疲力尽而死。据估计，仅北美大陆，每年有大量鸟类撞死在建筑物上。一些协会发起"熄灯计划"，即关闭建筑夜晚的装饰性照明，能够减少鸟类约 80% 的撞死率（图 1-14）。

我们要进行城市化建设，也要保护我们赖以生存的地球（图 1-15）。建筑的未来在哪里？是消耗更多的能源？是生产更多的废弃物？是排出更多的温室气体？是造成更多的环境污染么？当然不是……

1.1.3   建筑的未来在哪里

"人类在意未来，因为那是我们的余生所在。"

绿色建筑和可持续性设计，是建筑师、城市规划师为减缓全球变暖所能做的最直接的贡献。通过持续发展和绿色建筑实践，不仅可以全面提升我们所使用建筑物的环境质量和使用者的舒适度，满足人类日益发展的需求，而且可以减少对能源和其他资源的消耗，进而减少对自然环境和其他物种生态环境的影响，最终达到保护我们后代生存环境的目的。

图 1-11   建筑产业是一个高污染的产业

图 1-12   建筑拆除

少一点装饰，多一点伦理；

少一点浮夸，多一点理性；

少一点名利，多一点责任；

可持续发展，是建筑通向未来的必经之路。

1.2 绿色建筑的基本概念

1.2.1 什么是绿色建筑

人们对建筑的功能及性能的要求是伴随着社会进步和发展而不断变化的，从遮风挡雨到冬暖夏凉再到四季如春，从土坯茅屋到土楼窑洞再到土木砖瓦，从砌体砖混到钢筋混凝土再到钢结构，从对地段景观的诉求到对健康舒适的追求再到对绿色生态和可持续发展的渴望……人类已经意识到只有走绿色建筑的生态文明之路，才是建筑产业可以持续发展的正确道路。

那么，到底什么是绿色建筑呢？

不同国家地区绿色建筑相关组织对其解释各有不同（图1-16）。英国建筑设备信息协会（Building Services Research and Information Association，BSRIA）："一个健康的建筑环境的建立和管理应基于高效的资源利用和生态效益原则。"欧洲委员会（The European Commission，EC）："绿色建筑的目的是保护环境，

（a）破坏堤岸

（b）人造陆地

图1-13　大量填海造陆

图1-14　建筑夜间照明系统成为鸟类杀手

图1-15　绿色建筑是可持续发展的必经之路

(a) 英国建筑设备信息协会

(b) 欧洲委员会

(c) 美国环境保护局

图 1-16   世界绿色建筑组织

其意义现已日益延伸到无论是在空气品质还是在使用空间上，都要为人类造福的范畴。"美国环境保护局（Environmental Protection Agency，EPA）："绿色建筑是通过在设计建造使用维护和拆除等全生命周期各阶段进行更仔细与全面的考虑。"

1.2.2   绿色建筑的特性

目前，在我国，学术领域、政府、公众各层面普遍认同的"绿色建筑"概念，是由住房城乡建设部在 2019 年发布的《绿色建筑评价标准》GB/T 50378—2019 中给出的定义：在全寿命期内，节约资源、保护环境、减少污染，为人们提供健康、适用、高效的使用空间，最大限度地实现人与自然和谐共生的高质量建筑。

"寿命期"是指产品从原材料的起源，到制造处理这些材料，再到使用过程中的能量资源消耗，直到它生命终结，这是一个线性的过程，是"从摇篮到坟墓"的过程，我们可以减少这个过程对环境的影响，但却很难达到可持续发展的目标。"全寿命期"是指所有的废弃材料，包括在生命终止时的材料，都会回到生物或者技术性的养分循环中，抑或进入下一个生命周期中。这是一个循环的过程，是"从摇篮到摇篮"的过程。因此，建筑的全寿命期包括规划设计、建材与建筑部品的生产加工与运输、建筑施工安装、建筑运营直至建筑寿命终结后的处置和再利用（图 1-17）。

"节约资源、保护环境、减少污染"简称节约环保，就是要求人们在建构和使用建筑物的全过程中，最大限度地节约资源、保护环境、呵护生态和减少污染，将因人类

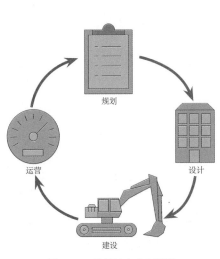

图 1-17   建筑的全寿命周期

对建筑物的构建和使用活动所造成的对地球资源与环境的
负荷和影响降低到最低，是指置于生态恢复和再造的能力
范围之内。"健康、适用、高效"是指绿色建筑作为为人
服务的生活和生产设施，应是充分考虑人的健康、适用需
求的建筑（图 1-18）。

1.2.3 与绿色建筑相近的概念

近年来，绿色建筑在全球范围内得到了广泛关注，由
于处于发展时期及关注点的差异，存在一些与绿色建筑相
近的概念。

可持续建筑、高性能建筑、生态建筑、节能建筑、生
物气候建筑，以及最近比较流行的低碳建筑、健康建筑等，

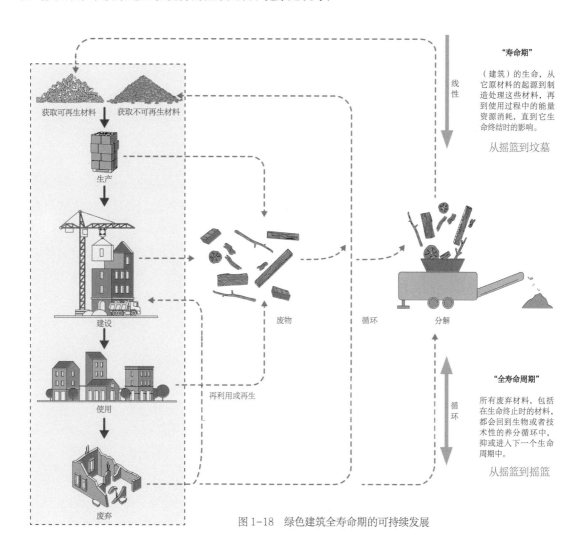

"**寿命期**"

（建筑）的生命，从
它原材料的起源到制
造处理这些材料，再
到使用过程中的能量
资源消耗，直到它生
命终结时的影响。

从摇篮到坟墓

"**全寿命周期**"

所有废弃材料，包括
在生命终止时的材料，
都会回到生物或者技
术性的养分循环中，
抑或进入下一个生命
周期中。

从摇篮到摇篮

图 1-18 绿色建筑全寿命期的可持续发展

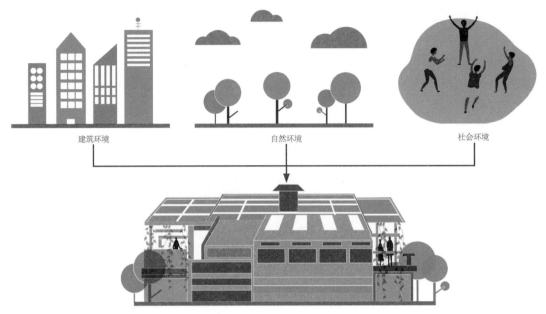

图 1-19   人、建筑、自然的和谐共生

都有针对性的研究。例如，生态建筑，强调建筑与环境之间的和谐关系，通过对建筑运行的调控，实现维系生态平衡、保护生态安全的目的；节能建筑，强调建筑在设计、建造、使用过程中，对能耗的降低；生物气候建筑，偏重于建筑对地域气候环境的弹性应变；低碳建筑，重点关注在建筑全寿命期内降低碳的排放量，并用"碳"这个指标来衡量建筑各个环节消耗的资源。

无论哪种说法，其目的都是强调人、建筑、自然环境之间和谐共生的关系，促进人类健康发展。由此可见，将自然环境、建筑环境、社会环境视为命运共同体，最大限度地实现它们的和谐共生，才能是真正实现可持续发展（图 1-19）。

1.3   世界绿色建筑发展

世界绿色建筑的发展沿革大致可分为三个阶段：唤醒和孕育期、形成和发展期、蓬勃兴起期（图 1-20）。

1.3.1   生态意识的唤醒和孕育

图 1-20   21 世纪建筑发展

1960 年代，是人类生态意识被唤醒的时代。

1962 年，美国海洋生物学家蕾切尔·卡逊（Rachel Carson）撰写了《沉寂的春天》（图 1-21），以生动而严肃的笔触，反映因使用化学药品和化肥而导致环境污染、生态破坏，最终给人类带来灭顶之灾。这本书唤醒了人类的生态环保意识，开创了生态学新纪元，掀开了绿色建筑的序幕。

图 1-21　《沉寂的春天》

1969 年，美籍意大利建筑师保罗·索勒里（Paola Soleri）首次将生态与建筑两个独立的概念综合在一起，提出了"生态建筑"的理念，这是一个开创性的举动，建筑领域的生态意识从此被唤醒。

1.3.2　绿色建筑的形成与发展

1970~1990 年代，绿色建筑概念逐步形成。

1972 年，人类历史上第一次关于环境问题的全球性会议——"联合国人类环境大会"在瑞典首都斯德哥尔摩召开，首次提出"可持续发展"（Sustainable Development）概念。

1990 年，英国建筑研究所率先制定了世界上第一个绿色建筑评估体系"建筑研究所环境评估法"（BREEAM）。

1992 年，在巴西里约热内卢召开"联合国环境与发展大会"首次提出"绿色建筑"概念。

1990 年代以来，世界各国相继成立绿色建筑协会，并先后推出有关绿色建筑评价标准体系，如美国 LEED、日本 CASBEE、澳大利亚 NABERS 等。

"绿色建筑"这个概念虽然出现的时间不长，但它由来已久，且发展非常迅速。

1.3.3　世界范围内的蓬勃兴起

进入 20 世纪，绿色建筑的内涵和外延更加丰富，在世界范围内蓬勃兴起和迅速发展。

目前全球很多国家和地区都已经构建了自己的绿色建筑评价体系，包括美国绿色建筑评估体系（LEED）、英国绿色建筑评估体系（BREEAM）、日本建筑物综合环境性能评价体系（CASBEE）、法国绿色建筑评估体系（HQE）、德国生态建筑导则（LNB）、澳大利亚建筑

世界绿色建筑评价分布   表 1-1

国家	标准名称	英文简写
美国	LEED 美国绿色建筑评估体系	LEED
英国	英国绿色建筑评估体系	BREEAM
日本	日本建筑物综合环境性能评价体系	CASBEE
法国	法国绿色建筑评估体系	HQE
德国	德国生态建筑导则	LNB
澳大利亚	澳大利亚的建筑环境评价体系	NABERS
加拿大	加拿大绿建评估体系	GB Tools

环境评价体系（NABERS）、加拿大绿建评估体系（GB Tools）等（表 1-1）。

随着世界绿色浪潮的发展，我国对于绿色建筑也越来越重视。2006 年，我国首次颁布国家标准——《绿色建筑评价标准》GB/T 50378—2006，并于 2014、2019 年分别进行了修订，对绿色建筑评价的内容、方式、范围等都做了优化。另外，还有《绿色建筑评价技术细则》《绿色施工导则》《绿色建筑评价标识实施细则（试行修订）》《绿色建筑评价技术细则补充说明（规划设计部分）》《绿色建筑评价技术细则补充说明（运行使用部分）》《绿色建筑评价标识管理办法》等，这些导则、规范等，清晰地反映出中国未来绿色建筑发展的要求和必然趋势（图 1-22）。

2008 年，我国以"绿色奥运、科技奥运、人文奥运"为主题，成功举办奥运会。2010 年，上海世博会采用大量绿色建筑策略，世博中心被评定为我国第一批三星级"绿色建筑设计评价标识"的绿色建筑之一。2013 年，国家颁布《绿色建筑行动方案》。2014 年起，政府投资和大型公共建筑全部执行绿色建筑标准。2017 年，国家颁布《建筑节能与绿色建筑发展"十三五"规划》。习近平总书记在党的十九大报告中指出：必须树立和践行绿水青山就是金山银山的理念，坚持节约资源和保护环境的基本国策。2020 年，国务院政府工作报告中再次提出，壮大节能环保产业。严惩非法捕杀、交易、食用野生动物行为。实施重要生态系统保护和修复重大工程，促进生态文明建设。

图 1-22 绿色建筑评价相关指标

同年，习近平主席宣布"双碳"目标，中国为"绿色地球"做好了准备，"中国将提高国家自主贡献力度，采取更加有力的政策和措施，二氧化碳排放力争于 2030 年前达到峰值，争取在 2060 年前实现碳中和。"（图 1-23）

因此，由"浅绿"走向"深绿"，由单体走向社区，由建筑走向城市……绿色低碳循环发展成为人类共同目标，关乎人类未来，中国绿色建筑的规模化、普及化发展已经成为必然趋势！

图 1-23　绿色城市

绿色建筑风环境优化设计

　　风环境是指室外自然风在城市地形地貌、自然地形地貌影响下形成的风场。建筑风环境是研究空气气流在建筑内外空间的流动状况及其对建筑物使用的影响。本章重点讲解建筑自然通风在建筑风环境优化中起到的作用，并对特殊的建筑类型——高层建筑，以及特殊的通风构造——双层玻璃幕墙，进行深入探讨。结合经典案例解析，帮助读者理解这些风环境优化的技术手段如何正向引导建筑设计。

图 2-1   建筑自然通风示意图

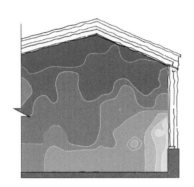

图 2-2   温度分布影响室内热舒适性

2.1   自然通风的基本原理

2.1.1   什么是建筑自然通风

建筑自然通风，是指通过有目的的开口产生空气流动。这种流动直接受建筑外表面的压力分布和不同开口特点的影响。自然通风在一般的居住建筑、普通办公楼、工业厂房中有广泛的应用，能经济有效地满足室内人员的空气品质要求和生产工艺的一般要求。

良好的建筑通风设计，是降低建筑空调耗能的先决条件，是最自然的建筑节能手法，也是绿色建筑最重要的气候调节对策。

2.1.2   建筑自然通风的作用

自然通风也称之为健康的通风、舒适的通风、降温的通风（图 2-1、图 2-2）。

（1）健康通风

健康通风（Healthy Ventilation）是指利用室外的新鲜空气更新室内被污染的空气，以保持室内空气的洁净度达到标准水平。低洁净度的空气中螨虫密度上升，将严重威胁人体健康。

（2）热舒适通风

热舒适通风（Heat Comfortable Ventilation）是指利用自然通风增加人体周围空气的流速，而增强人体散热，防止皮肤潮湿引起的不舒适感，以改善人体的舒适条件。

（3）降温通风

降温通风（Lower Temperature Ventilation）是指当室内气温高于室外气温时，利用通风使建筑内部构件降温，从而增加建筑的耐久性。

2.1.3   建筑自然通风的基本形式

（1）风力通风

风力通风（Cross Ventilation）也叫风压通风，是依靠建筑物通风口两侧压力差来实现，必须借助风速气流。建筑物一侧为正压区，一侧为负压区，通过水平

图 2-3　风力通风场景图 1

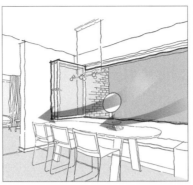

图 2-4　风力通风场景图 2

图 2-5　风力通风场景图 3

风压来推进气流，实现自然通风的目的。风力通风较适用于热湿气候的"开放型通风"。建筑的侧窗、边廊、庭院等，都是利用风力进行通风的典型代表（图 2-3~图 2-5）。

建筑的通风效果与建筑的剖面形态、直接相关。洞口的尺寸、位置等。当风在其行进方向上遇到建筑等障碍物时，由于建筑物具有一定的物理宽度和高度，室外的风将会沿着建筑物的外表皮绕过建筑物沿着其原始方向继续前行，建筑物的迎风面会形成正压区，建筑物的背风面也会形成负压区。与此同时，在空气压力差的作用下，正压区附近的室外空气就会从开启的外窗或者窗户缝隙进入室内，负压区附近的室内空气又会从窗户或者门窗缝隙流入室外，室内外空气得以进行交换，形成我们日常生活中常说的"穿堂风"（图 2-6）。

建筑的通风效果与房间的开间、进深有密切的关系。双侧通风的建筑，其平面进深一般不超过楼层净高的 5 倍，单侧通风建筑的进深一般不超过净高的 2.5 倍。例如，对于一个矩形占地的办公建筑，可以设计成多种平面布局。在层高一定的情况下，U 形平面适合中间走廊、两侧布置房间的办公形式，由于进深较小，就更容易创造良好的自然通风效果，同时中间的内院又可以形成视觉景观，不足之处在于较难形成完整的大空间。而大进深、集中式的平面布局形态，能够创造灵活自由的开放办公形式，但由于进深过大，需要通过机械辅助才能满足基本的通风需求（图 2-7）。

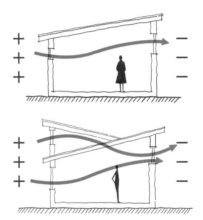

图 2-6　窗户的剖面位置对室内气流的影响

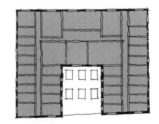

（a）U 形平面创造良好视觉和自然通风条件

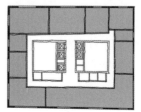

（b）大进深、集中式平面需要利用机械通风

图 2-7　不同平面形式的通风类型

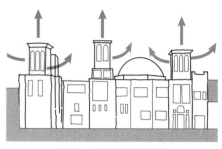

图 2-8　波斯捕风装置

图 2-9　"坎儿井"图

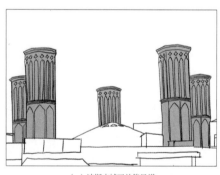

（a）波斯古城亚兹德风塔

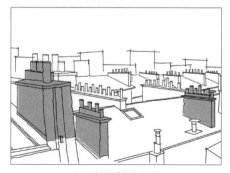

（b）法国巴黎的屋顶景观

图 2-10　封闭型通风形态

（2）浮力通风

浮力通风（Stack Ventilation）也叫热压通风，是利用热空气上升、冷空气下降的热浮力原理进行换气。与风压通风利用空气压力差进行通风不同，热压通风是利用室内外空气的温度差来进行通风的。浮力通风较适用于凉爽气候的"封闭型通风"。浮力通风与建筑物的高度有关，在挑高中庭或者大型空间内，较容易产生气温差而进行浮力通风。

当建筑物内部出现垂直气温差时，室内热空气会因为密度小而上升，造成建筑物内高处空气压力比室外空气压力大，空气因此从建筑物顶部的天窗或者烟囱溢出；同时由于建筑物内部空气的上升，建筑物下部空气压力变小，直至小于建筑物底部室外空气的压力，导致建筑物外部的冷空气从建筑物底部门窗洞口进入室内，这样室内外就形成了连续不断的换气（图 2-8、图 2-9）。

2.1.4　建筑的自然通风形态

（1）封闭型通风形态

封闭型通风的主要原理是"浮力原理"和"烟囱效应"，在寒冷地区应用较广泛。其形式有烟囱、壁炉、通风塔等，以封闭形态为主，是地域建筑文化的典型特征。伊朗亚兹德捕风塔、法国巴黎的屋顶烟囱，都体现了封闭型通风文化（图 2-10）。

（2）开放型通风形态

开放型通风的主要原理是利用新风直接吹过人体，直接蒸发冷却，在热带地区应用较广泛。其形式主要为大开窗、杆栏式等，以开放形态为主。太平洋萨摩亚民居的大面积开敞、日本民居的底部架空，都体现了开放型通风文化（图 2-11）。

2.2　自然通风的设计方法

2.2.1　风力与浮力结合的通风方式

（1）设置"烟囱"

我们常见的烟囱就是利用了浮力通风的原理。效应是火炉、锅炉运作时，产生的热空气随着烟囱向上升，在烟囱的顶部离开。因为烟囱中的热空气散溢而造成的气流，将户外的空气抽入填补，令火炉的火更猛烈。这个过程也称之为烟囱效应。例如英国国会议事堂，这座建筑是利用瓦斯灯燃烧，形成烟囱效应，并促进室内的风力通风（图2-12）。

建筑设计时，还可以将烟囱变形，与地域文化结合，形成独特的建筑构件。例如西班牙巴塞罗那的米拉公寓，该建筑无一处是直角，这也是高迪作品的最大特色，高迪认为只有神是直线的，其余都是曲线的。不仅如此，建筑师还在房顶创造了一些奇形怪状的突出物，有的像披上全副盔甲的军士，有的像神话中的怪兽，有的像教堂的大钟。其实，这是特殊形式的烟囱和通风管道，它有效的自然通风系统使所有形式的空调机都成为多余。这些突出物，后来也成了巴塞罗那的象征，不仅在于它造型上的独创性，也是实用意义上的成功范例（图2-13、图2-14）。

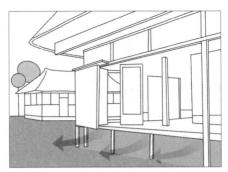

（a）日本开放通风型民居

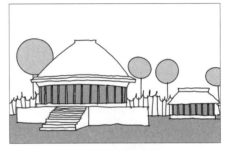

（b）太平洋萨摩亚民居

图2-11　开放型通风形态

图2-12　英国国会议事堂

（a）米拉公寓外立面

（b）米拉公寓屋顶

图2-13　米拉公寓

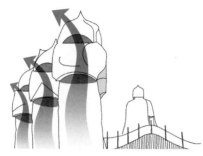

图 2-14 米拉公寓屋顶通风构造示意图

（2）设置"中庭"

在冬季，中庭是个封闭的大暖房。在"温室作用"下，成为大开间办公环境的热缓冲层，有效地改善了办公室热环境并节省供暖的能耗。在过渡季节，它是一个敞开空间，室内和室外保持良好的空气流通，有效地改善了工作室的小气候。在夏天，中庭的百叶遮阳系统能有效地避免直射阳光，使中庭成为一个巨大的凉棚。

中庭可以设置在建筑中部，可以设置在外侧，也可以通过变形形成类烟囱的小尺度吹拔空间，都可以达到促进风力与浮力结合的通风效果（图 2-15）。

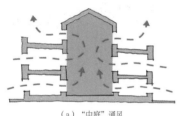

（a）"中庭"通风

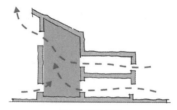

（b）"边庭"通风

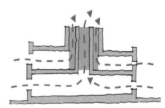

（c）"烟囱效应"通风

图 2-15 设置"中庭"自然通风的三种形式

（3）设置"庭院"

庭院的通风原理与中庭类似，将中庭打开，即形成了庭院。而庭院优于中庭之处在于，庭院可以引入丰富的自然景观，并对通风起到过滤、净化的作用，改善微气候环境。由于风压作用，自然风从外部院落，通过室内，进入内部庭院，热压使其沿庭院内壁上升，从而促进风压通风（图 2-16）。

实际设计中，将风力与浮力结合，根据不同的空间形态，采取不同的通风形式，才能更有效地实现建筑的自然通风。位于英国莱彻斯特的蒙特福德大学女王馆就是一个优秀案例。建筑师将庞大的建筑分成一系列小体块，既在尺度上与周围古老的街区相协调，又能形成一种有节奏的韵律感，同时小的体量使得自然通风成为可能。位于指状分支部分的实验室、办公室进深较小，可以利用风压直接通风；而位于中间部分的报告厅、大厅及其他用房则更

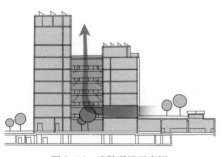

图 2-16 庭院通风示意图

多地依靠"烟囱效应"进行自然通风。同时，建筑的外围护结构采用厚重的蓄热材料，使得建筑内部的得热量降到最低。正是因为采用了这些措施，虽然女王馆建筑面积超过 1 万 m²，但相对于同类建筑而言，全年能耗却很低（图 2-17~图 2-19）。

图 2-17　蒙特福德大学女王馆

2.2.2　促进建筑自然通风的构造形式

（1）捕风塔（帽）

当建筑体量小，内部的"竖井"空间高度不够形成有效温差时，也可以做成冲出屋面的竖向突出空间，其形式除了烟囱外，还可以做成风塔、风帽的形式。捕风塔的形式多种多样，已经产品化生产，做工精细完善，能够适应各种形态的建筑需求（图 2-20）。英国考文垂大学兰彻斯特图书馆（图 2-21）、英国赫特福德郡加斯顿建筑研究办公楼（图 2-22），都是将捕风塔与建筑形态结合的典范。变形后的捕风塔成为建筑造型的重要元素，既表达了建筑的技术美，又实现了自然通风的需求，

图 2-18　"烟囱效应"通风示意图

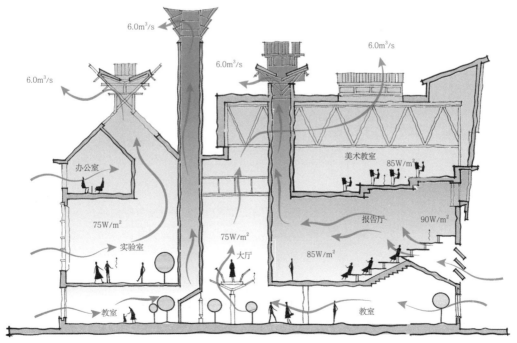

图 2-19　蒙特福德大学女王馆室内风环境分析图

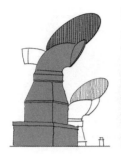

图 2-20　捕风塔

图 2-21　兰彻斯特图书馆

图 2-22　加斯顿建筑研究办公楼

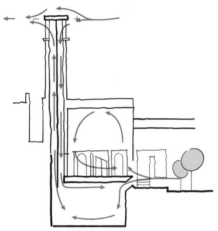

图 2-23　捕风塔剖面与室内气流示意图

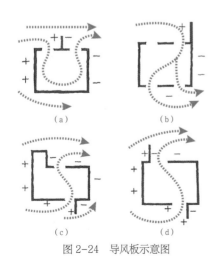

图 2-24　导风板示意图

可以说是功能与艺术的完美结合。

不仅如此，捕风塔还可以将气流引入地下室，从而解决地下空间自然通风的问题（图 2-23）。

（2）导风板

当建筑开口方向与主导风向垂直，自然风无法进入建筑室内的时候，可以采用导风板，在局部形成正压区与负压区，引导自然风流入室内。导风作用既可以通过建筑上的附加板状构造实现，也可以通过建筑自身形体变化实现（图 2-24）。在一些建筑中，导风板还可转化为表皮元素，既起到导风的作用，又成为建筑外部形态表达的母题（图 2-25）。

（3）太阳能烟囱

太阳能烟囱是优化的"烟囱效应"。可以在建筑上增设垂直或斜向的狭长空间，从而促进浮力通风。通过在烟囱的侧壁增加太阳能板或深色吸热材料，形成"太阳能烟囱"，从而使烟囱内流经的气流温度升高，加快上升速度，促进浮力通风的效果（图 2-26）。

2.2.3　导风系统与遮阳系统相结合

由于导风板和遮阳板具有相似的形态特征，因此将二者结合，既可以改善室内风环境，又可以调节光环境，能够起到事半功倍的效果。

新加坡邱德拔医院是一个将导风系统与遮阳系统相结合的优秀案例。该医院拥有 550 张病床及高品质的医疗服务，它的建立标志着一个面向社区的高品质且经济的综合性医疗中心在新加坡北部成立。该医院的绿色设计建立在对患者舒适度的考量之上。外立面设计和内部空间布局有利于加强采光及最大限度地为所有病房增加自然通风和减少眩光。以自然通风为主的五床病房和十床病房享有很好的自然景观，而单床病房和四床病房则拥有诸如床头触摸屏等一流的综合设施（图2-27、图2-28）。

公费病房的朝向利于"捕捉"盛行的北风和东南风，使进入室内的风速达到至少0.6m/s，给病人提供一个舒适的环境温度，同时减少了60%的空调使用能耗。布满了铝合金散热片的建筑外墙被称作"翼墙"，可通过增加外墙的风压将盛行风导入建筑。新加坡国立大学进行的风洞试验发现，这些铝条将提高20%~30%的空气流动（图2-29）。

自费病房采用模块化的可调节式百叶窗来控制或增强进入病房的气流。灰色茶玻璃用于减少眩光。而这些百叶窗呈15°角的设置可达到最佳的换气效果和最小的雨水渗漏几率。固定百叶即"雨季百叶"设置在外墙与病床等高的位置，即使是在大雨天，也可保障最低限度的空气交换（图2-30）。

窗户上的遮阳板可以保护患者免受眩光的直接照射，也可将阳光反射到室内天花板形成漫射光来增强病房内的亮度而节约能源。遮阳板大大提高病房楼的照明舒适度，也减少了照明有效区域内高达30%的能源需求。装有固定滤网的帷幕墙，用以调节阳光直射和眩光。这些帷幕的角度提供了最佳的景观视线和遮阳效果。

（a）高层建筑外表皮导风板

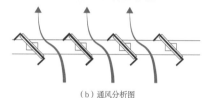
（b）通风分析图

图2-25 高层建筑外表皮导风板分析图

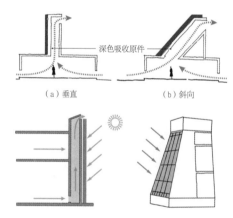
（a）垂直 （b）斜向
（c）利用太阳能集热促进烟囱通风

图2-26 太阳能烟囱

图2-27 新加坡邱德拔医院

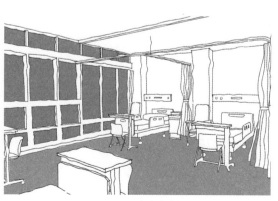
图2-28 医院病房内场景

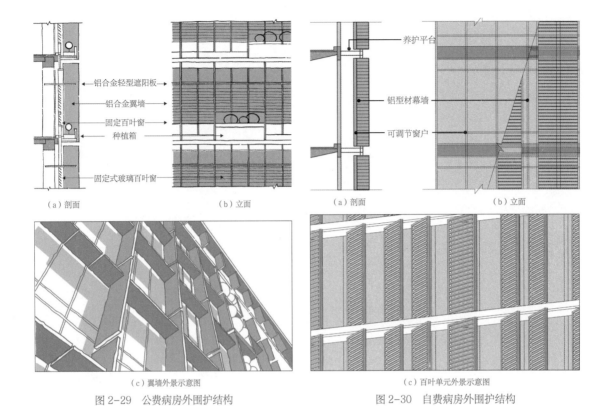

（a）剖面   （b）立面

（c）翼墙外景示意图

图 2-29　公费病房外围护结构

（a）剖面   （b）立面

（c）百叶单元外景示意图

图 2-30　自费病房外围护结构

（a）穹顶内俯瞰议会大厅

（b）议会大厅内部

图 2-31　德国国会大厦议会大厅

2.2.4　机械辅助通风与自然通风相结合

柏林国会大厦改建工程议会大厅为了保证新风质量，以及室内的舒适度，采用机械辅助通风与自然通风相结合的通风策略（图 2-31）。

将通风系统的进风口设在西门廊的檐部，新鲜空气经机械装置吸入大厅地板下的风道，并在此过程中过滤、降噪，然后从座位下的送风口低速而均匀地散发到大厅内，至此，机械通风结束。新风从人们的脚下进入使用空间，通过热交换，温度升高，热空气向上流动，通过穹顶内倒锥体的中空部分排出室外。此时，倒锥体成了巨大的拔气罩，既不会干扰穹顶内部功能使用，又促进了议会大厅的自然通风效果。大厦大部分房间还可以通过侧窗得到自然通风和换气，侧窗既可以自动调节也可以人工控制，根据换气量的需求而进行调整（图 2-32、图 2-33）。

此外，建筑师还把自然通风与地下蓄水层的循环利用结合起来。柏林夏季很热，冬季很冷，设计充分利用自

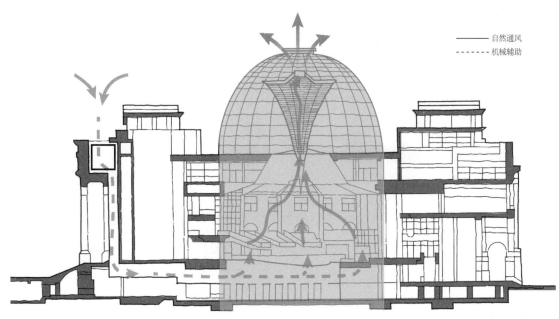

图 2-32　德国国会大厦通风示意图

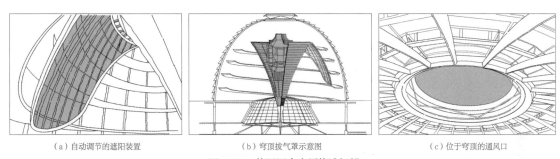

（a）自动调节的遮阳装置　　　　　（b）穹顶拔气罩示意图　　　　　（c）位于穹顶的通风口

图 2-33　德国国会大厦构造细部

然界的能源和地下蓄水层，把夏季的热能贮存在地下给冬季用，同时又把冬天的冷能贮存在地下给夏季用。国会大厦附近有深、浅两个蓄水层，浅的贮冷，深的贮热，设计中把它们考虑成大型冷热交换器，形成积极的生态平衡（图 2-34）。

　　由此可见，在一些大型建筑中，由于通风路径较长，流动阻力较大，单纯依靠自然风压与热压往往不足以实现自然通风。对于空气污染和噪声污染比较严重的城市，直接的自然通风还会将室外污浊的空气和噪声带入室内，不利于人体健康。在这种情况下，常常采用一种机械辅助式的自然通风系统。

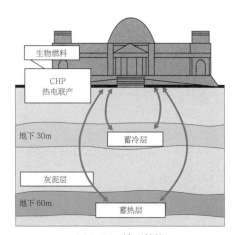

图 2-34　地下储能

图 2-35　法兰克福银行

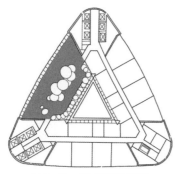

图 2-36　单元平面示意图

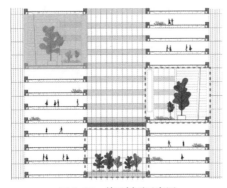

图 2-37　单元剖面示意图

2.3　高层建筑风环境优化设计

与多层建筑的自然通风相比，高层建筑的自然通风有其特殊性。高层建筑，由于具有足够的高度，在贯穿全楼的竖井中很容易形成空气压力差，即"烟囱效应"。房间的交换通过立面自然通风，新鲜空气经过室内使用后加热进入竖井排出室外。这种措施高效且不消耗能源。

但高层建筑通风也存在一些问题：首先，风压在垂直方向的分布有利于高层建筑的自然通风，但过高的风压却会使建筑的门窗难于开启，给建筑室内使用带来不便，而且在冬季会带走大量的热能，不利于保温要求；其次，太高的中庭空间会形成过大的热压，如不能有效控制，则会产生强烈的紊流，甚至在底层进气口产生令人不安的啸叫；最后，高层建筑的自然通风系统，应注意避免交叉污染并做好防火措施。

对于高层建筑自然通风设计策略，主要有三类。

2.3.1　空间形态促进自然通风——法兰克福银行

这幢建筑总高度约为 299m，建筑面积约 10 万 m^2，采用钢结构，混凝土内核，是世界上首座生态型高层塔楼。大厦被冠以"生态之塔""带有空中花园的能量搅拌器"等美称。整座大厦除非在极少数的严寒或酷暑天气中，全部采用自然通风和温度调节，将运行能耗降到最低，同时也最大限度地减少了空气调节设备对大气的污染。

该建筑平面为边长 60m 的等边三角形，其间围合出三角形中庭。建筑师将建筑分成 4 个组，每组 12 层。每层的空中花园占据了 1 个三角形的长边，另外 2 个长边就是办公空间。每个空中花园有 4 层楼高。每隔 4 层就转到了另一边，每隔 12 层就转一圈，空中花园围绕着中庭盘旋。由于空中花园位于不同的标高，空气中的密度与温度不同，室内外的压力梯度也不同，通风就产生了"烟囱效应"。同时，空中花园种植的绿色植物也有效改善了室内的环境与气候，能够带来令人感到愉快和舒适的自然景观。塔内每间办公室都设有可开启的窗，有效地组织了办公空间的自然通风。据测算，该楼的自然通风量可达 60%（图 2-35~图 2-37）。

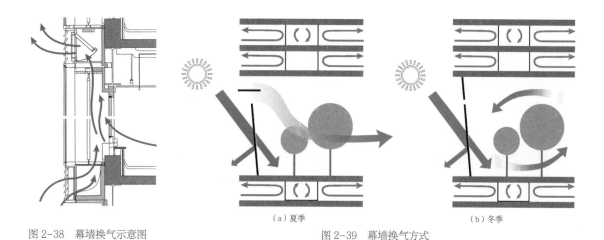

图 2-38 幕墙换气示意图　　　　　　　　图 2-39 幕墙换气方式

（a）夏季　　　　　（b）冬季

法兰克福银行采用双层呼吸式玻璃幕墙。玻璃幕墙内层采用了 Low-E 玻璃，外层采用单片钢化玻璃，两层之间有 165mm 厚，室外的新鲜空气可以进入到此空间。为了加快通风速度，面积层采用了对角式通风模式，能够有效组织气流带走中庭部分的热量，同时引入新鲜空气，实现自然通风。夏天，内层的 Low-E 玻璃吸收阻挡太阳的辐射热量，中空部分的热气流被带走，办公空间内的冷气可以循环进入中空部分，形成一道空气屏障，阻挡热气流进入办公空间内部。冬天，双层玻璃幕墙具有保温效果，由办公空间吸入的热气流也阻挡了室外冷气流的侵袭。因此，在这样的环境中，不管是酷热的夏天，还是寒冷的冬天，在建筑物的边角处活动或办公都不会感觉有明显的温差，同时，中空部分的空气循环系统以低风速、低能耗运行，避免了噪声和强风对人体的影响，最大限度营造了安静舒适的办公环境（图 2-38~图 2-41）。

建筑师将绿色生态体系移植到了建筑内部，借助其自然景观价值成功软化了建筑表皮，在视觉上与周围环境取得和谐，达到共生。同时协同机械调控系统，使建筑内部有良好的室内气候条件和较强的生物气候调节能力，创造出田园般的舒适环境。这座超高层集中式办公建筑中的自然景观，使城市高密度的生活方式与自然生态环境相融合。

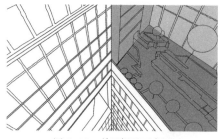

图 2-40 单元场景示意图

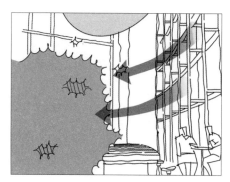

图 2-41 中庭玻璃幕墙

图 2-42　上海中信广场

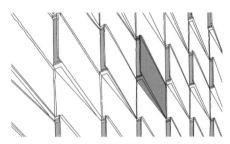

图 2-43　上海中信广场幕墙

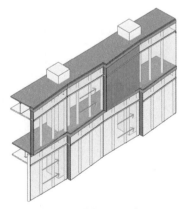

图 2-44　幕墙换气示意图

2.3.2　表皮构造促进自然通风——上海中信广场

上海中信广场位于上海虹口区，由日本日建株式会社领衔设计。这座建筑体量非常的纯粹，但又很有细节，因此看起来简洁却不简单。事实上这些表皮的构造细节处理又充满了绿色建筑的智慧。

基地附近有虹口大厦等历史建筑，如何在不破坏历史街区城市记忆和建筑尺度肌理的情况下营造一个现代化的超高层办公建筑，是一个重要问题。通过对周边环境的调研和考虑功能上的需求，设计师最终选择了 4.5m×4.5m 见方为设计模数。这个模数与传统的里弄外观和街巷空间的尺度感是一致的。模数在建筑的各个空间组成上都得到了充分的展开，传统城市空间的尺度不仅在地面有了连续，在高空中同样得以表现和延伸。

建筑师将 4.5m 见方的幕墙单元在平面上以千鸟格状有规则地倾斜错位，面向上风方向顺序展开，利用在鳞片状的幕墙单元的侧面设置的格栅实现高效的自然通风。开启处采用茶红色的格瓯封闭，能防止雨水侵入和物品高空坠落（图 2-42~ 图 2-44）。

另外建筑师在建筑的裙房、室内装修等部位，也采用了类似的表皮处理方法，使整个建筑非常统一，性格独特。这个处理方法非常巧妙，动作很小，但是不仅为建筑表皮添加了非常丰富细腻的表情，而且带来了生态效益，将艺术与技术非常好地结合在一起。

2.3.3　建筑体量促进自然通风——瑞士再保险总部大厦

瑞士再保险总部位于英国伦敦圣玛丽斧街，由诺曼·福斯特设计。大楼的整体外观是一个生态的曲线，呈现子弹的形态，显得圆润饱满，外形不仅是对历史的铭记，也是对未来科技的追求，更是在自然通风、自然采光的利用上寻找到的最优解决方案。这座摩天大楼比普通的办公大楼节省 50% 的能源消耗，是一个优美而讲求高科技的杰作（图 2-45、图 2-46）。

建筑形体根据风压曲线塑造。曲线形在建筑周围对气流产生引导，使气流平滑地通过，且对建筑的稳定性不会造成影响，同时也不会对周围建筑产生风力影响。这样的气流被建筑边缘锯齿形布局的内庭幕墙上的可开启窗扇所"捕获"，实现建筑的自然通风。为避免由于气流在高大建筑前受阻，在建筑周边产生强烈的下旋气流和强风，其形态经过电脑模拟和风洞试验，由空气动力学决定（图 2-47~图 2-49）。

大厦与外界相交的边界由两种不同性质的空间组成，同质空间盘旋向上，是幕墙上色泽深暗的螺旋线的由来。建筑周边气流被内庭幕墙的开启扇捕获之后，在空气动力学曲线所带来的上下楼层间的风压差的驱动下，沿螺旋形排布的被分隔为 1 层或 6 层的内庭中盘旋而上。这样的自然通风手段可以使该建筑每年减少 40% 的空调使用量。所以，立面上的 6 条深色的螺旋线所表示的是 6 条引导气流的通风内庭，明确地体现了建筑内部的空间，使建筑自身的逻辑贯穿于建筑的内外和设计的始终（图 2-50、图 2-51）。

这些内庭的作用远不止作为通风井，它们同时也是该建筑得以使用自然光照明的采光井和使室内保持视觉上、感官上联系，打破层与层界限的共享空间。所以无论是在表皮，还是在建筑内每层平面的布局中，这样的螺旋状排布都扮演着极其重要的角色。

大厦的玻璃幕墙采用双层呼吸式玻璃幕墙，包裹着整个大楼的内部结构，两层玻璃幕墙之间存在一个能充分让空气流动的密闭空间，在传感系统的配合下，当室外的温度与风速达到稳定合理的水平时，电脑自动控制打开进、出风口的百叶窗，让室外的气体引进室内。夏季主要基于"烟囱效应"，将通风的百叶窗打开，进气口的位置吸入

图 2-45 瑞士再保险总部大厦

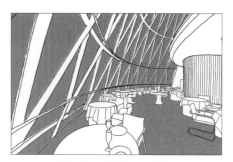

图 2-46 顶部餐厅内部场景

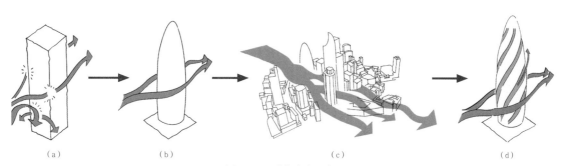

（a）　　　　　　　（b）　　　　　　　（c）　　　　　　　（d）

图 2-47 形体生成示意图

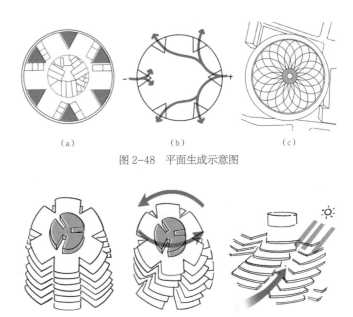

图 2-48   平面生成示意图

图 2-49   空间生成示意图

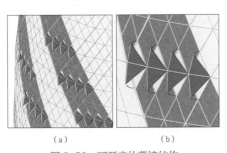

图 2-50   可开启的幕墙结构

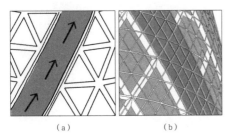

图 2-51   幕墙内部通风方向示意图

空气进入热通道，通道中的空气受热出现由下而上的热运动，并通过排气口排到室外，以降低室内温度。冬季主要基于"温室效应"的原理，关闭窗户即可成为一个闭合的空间，热通道成为温室，而且双层玻璃可以有效地解决热量的流失。

从结构方面来说，幕墙还有一个不同寻常之处。幕墙直接支承在作为承重结构的建筑外围的斜向钢架之上，所以，这是一种自承重的幕墙体系，并且幕墙支撑结构与核心筒一起参与建筑受力。外围钢架可以被看成互相套合的六边形。这是一套与传统摩天楼基于垂直梁柱体系完全不同的受力结构。

2.4   双层幕墙通风系统设计

2.4.1   双层幕墙的基本特征

（1）双层幕墙发展

双层幕墙（Double-skin Facade）于 20 世纪 20 年代产生，1978 年第一次在美国纽约州的西方化学中心，也就是胡克化学楼实践。20 世纪 80 年代后期和 90 年代，由于能源危机和气候变化引起全球重视，建筑节能和建筑可持续性研究蓬勃发展。计算机硬件和软件不断进步，为研究双层幕墙当中复杂的传热和空气流动提供工具，双层幕墙才得到更多实践，随之蓬勃发展起来。

双层幕墙经历了多个阶段，每个阶段对其称呼也略有不同，如呼吸式幕墙（Breathed Facade）、通风幕墙（Ventilated Facade）、动态幕墙（Dynamic Facade）、智能玻璃幕墙（Intelligent Glass Facade）等（图 2-52）。

（2）双层幕墙特征

双层玻璃幕墙有以下四种主要特征：①两层玻璃幕墙之间有一条宽 0.2~1.5m 的通道；②两层玻璃中一层为隔热玻璃，另一层为单层玻璃；③通道内通常设置可调节的遮阳百叶或导光构件；④通道在供暖季节保持封闭，以提高幕墙保温效果，在供冷季节以自然或机械的方式通风带走其中热量（图 2-53）。

（3）双层幕墙种类

双层玻璃幕墙有多种分类方式，按构造方式可分为外挂式、廊道式、箱式（单元式）、井箱式等（表 2-1）。

外挂式幕墙，指两层表皮之间的空气间层为一个整体。

廊道式幕墙，指在一层或几层的水平方向形成一个空气通廊。

单元式幕墙，指空气间层既有水平间隔断又有竖向隔断，分隔灵活，利于独立操作；但由于每个单元毗邻，单元式幕墙排出的气体容易从上一层的进风口再次流入，造成二次污染，并且降低换气效率。

井箱式幕墙，与单元式幕墙相近，不同之处在于隔排设置上下贯通的通风井，新鲜的空气从每个单元的下部进入，在上部两侧排出，排出后进入到竖向的通风井内，由于井道的竖向烟囱效应，促进了空气的向上流动，加速了新风从下部进入，提高了换气效率，而且避免了上下层进出风口窜气的可能。

2.4.2 双层幕墙的运行模式

双层幕墙典型的运行模式主要有两种：一种是外循环式，即外部空气与空气间层的空气形成循环，因此，建筑

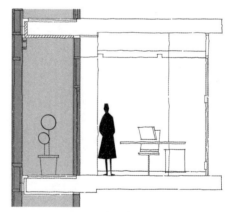

图 2-52 双层幕墙示意图

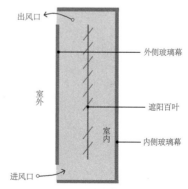

图 2-53 双层玻璃幕墙构造特征

双层玻璃幕墙种类及示意　　　　　　　　　　表 2-1

种类	空间示意	立面示意	剖面示意	平面示意
外挂式	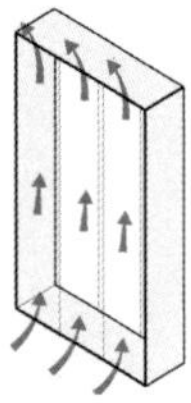	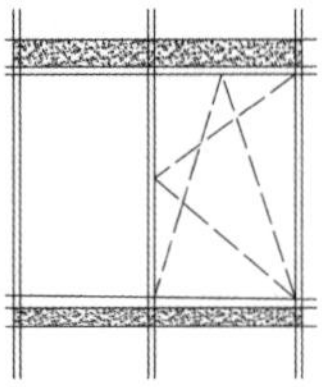	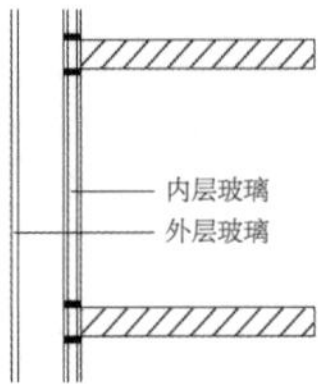 内层玻璃 外层玻璃	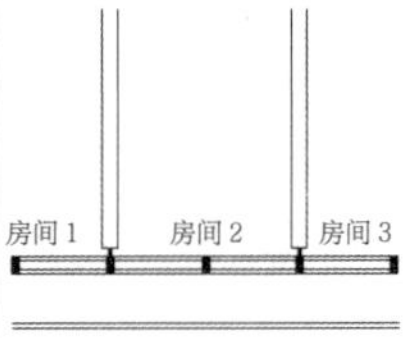 房间1　房间2　房间3
廊道式	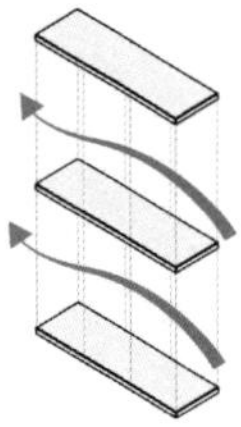	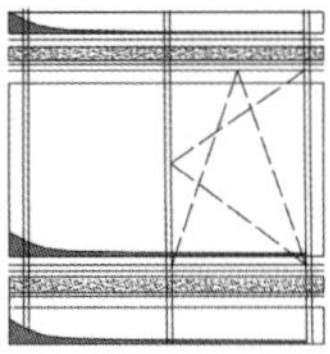	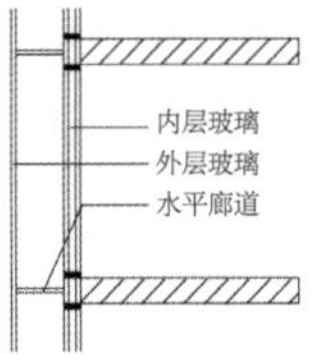 内层玻璃 外层玻璃 水平廊道	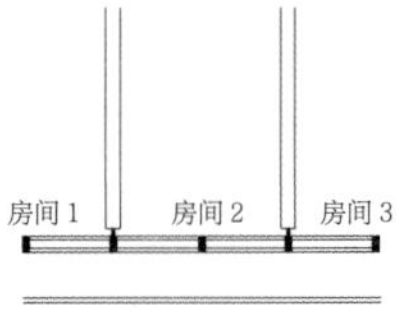 房间1　房间2　房间3
单元式	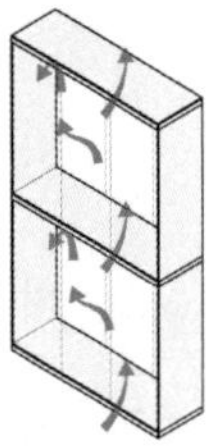	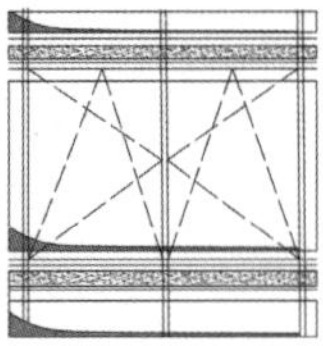	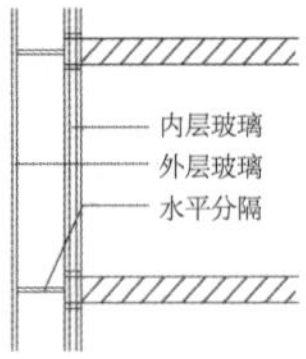 内层玻璃 外层玻璃 水平分隔	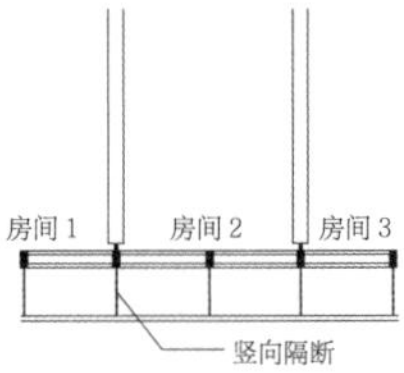 房间1　房间2　房间3 竖向隔断
井箱式	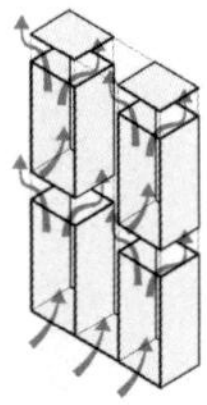	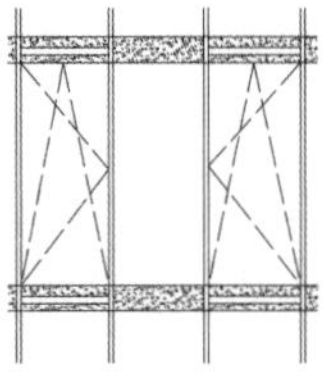	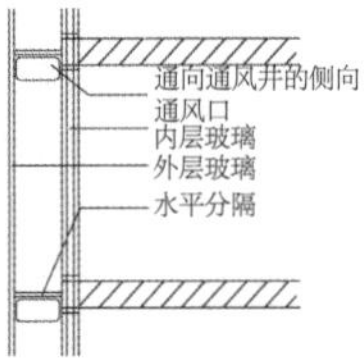 通向通风井的侧向 通风口 内层玻璃 外层玻璃 水平分隔	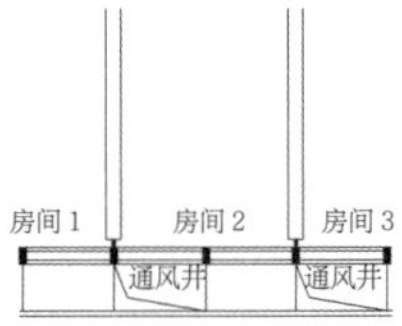 房间1　房间2　房间3 通风井　通风井

外表皮将出现通风百叶等的通风构造（图2-54）；另外一种是内循环式，即空气间层的空气与室内空气形成循环，因此，建筑室内，在靠近玻璃的窗台或地面处，将出现通风百叶的构造（图2-55）。而建筑外立面幕墙就可以做得非常纯粹完整（图2-56）。

双层玻璃幕墙的热性能包括通道内部的空气温度分布和热压通风量，以及双层幕墙内、外表面温度。太阳辐射得热包括直接透过的太阳辐射、遮阳构件或玻璃被加热后通过内层幕墙的"二次得热"。因此，计算双层玻璃幕墙的性能时要综合考虑（图2-57）。

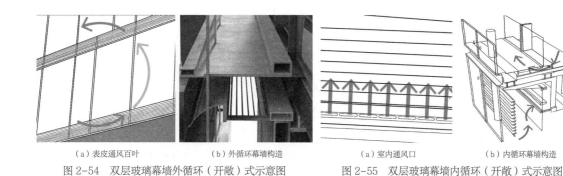

(a) 表皮通风百叶　　　(b) 外循环幕墙构造　　　(a) 室内通风口　　　(b) 内循环幕墙构造

图 2-54　双层玻璃幕墙外循环（开敞）式示意图　　　图 2-55　双层玻璃幕墙内循环（开敞）式示意图

2.4.3　双层幕墙的参数分析

（1）双层幕墙夹层通道宽度

研究表明，双层幕墙夹层通风量越大，描述其性能的等效传热系数和综合对流换热系数的调节范围也越大，越有利于提高双层皮幕墙全年节能收益。

当夹层等效通道宽度大于 0.4m 后，其通风量增加已经趋于平缓。通道宽度在 0.1~0.3m 的，我们称之为窄通道，大于 0.4m 的称之为宽通道。窄通道可以布置设备，以及可以供一个工人侧身通过，便于检修；宽通道则可以形成绿化空间或交流空间。因此，夹层间距一般不宜小于 0.2m，间距越宽，隔热性能越好，但无需大于 1m。当通道继续扩大，甚至可以形成庭院式通道，此时它的空间属性则大于功能属性（图 2-58）。

（2）双层幕墙进、出风口尺寸

双层幕墙目前常见的开口形式有无遮挡型、孔板型和悬窗型等，各种不同开孔形式通过影响局部阻力系数从而影响通风量。

无遮挡开口，阻力系数基本不随开口大小变化而变化。孔板开口，开口率越大阻力系数越小，在开口率为 0.3 后趋于平衡。悬窗开口，开启角度越大阻力系数越小，开启角度越大，夹层流量越大，流量增加速度渐慢。立面悬窗的开启角度不应小于 40°；孔板进、出风口开孔率不应小于 0.3；格栅型进、出风口格栅角度不应小于 40°。

因此，得热量随开口面积增大而减小，在不影响立面美观的前提下，开口面积越大越有利（图 2-59）。

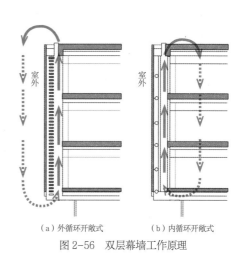

(a) 外循环开敞式　　(b) 内循环开敞式

图 2-56　双层幕墙工作原理

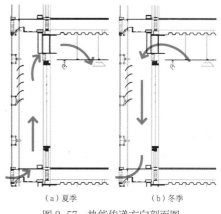

(a) 夏季　　　(b) 冬季

图 2-57　热能传递方向剖面图

（a）窄通道式　　　　　　　　　（b）宽通道式　　　　　　　　　（c）庭院式

图 2-58　双层幕墙通道类型

图 2-59　进、出风口构造示意图

（3）双层幕墙遮阳百叶位置

百叶在夹层中的位置，不仅决定了通道的间距，而且影响通道的阻力系数。

由图 2-60 可见，d/D=0 表示百叶紧贴外幕墙，d/D=1 表示板面紧贴内幕墙。随着百叶由外侧向内侧移动，夹层通风量逐渐升高，而后趋于平衡；进入室内的对流换热量，先降低，后升高，在 d/D=0.4 左右的位置发生转折。由此可见，百叶位置处于中间偏外侧（d/D=0.3~0.5）的位置可以获得最佳隔热效果。

（4）双层幕墙保温层的位置

在不同的气候条件下，不同类型幕墙的隔热性能存在较大差异。（a）幕墙表示保温材料与内层玻璃结合，形成外循环幕墙结构体系；（b）幕墙表示的是保温材料与内层玻璃相结合，形成外循环幕墙结构体系；（c）幕墙表示的是保温层与内层玻璃结合的内循环幕墙结构体系。三者比较，通常情况下，外温越高，太阳辐射强度越大，则（a）幕墙结构的隔热性能就越明显（图 2-61）。

（5）机械通风量

双层玻璃幕墙常常需要辅助机械通风。机械通风量越大，进入室内的热量越低，但同时通道内的压力损失也越大，且风机耗能也越大。应综合考虑风机电耗，取综合能量最低值。

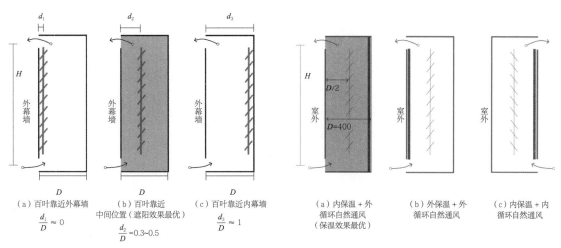

(a) 百叶靠近外幕墙	(b) 百叶靠近	(c) 百叶靠近内幕墙
$\dfrac{d_1}{D} \approx 0$	中间位置（遮阳效果最优）	$\dfrac{d_3}{D} \approx 1$
	$\dfrac{d_2}{D} = 0.3{\sim}0.5$	

图 2-60　双层玻璃幕墙遮阳板的位置

(a) 内保温 + 外	(b) 外保温 + 外	(c) 内保温 + 内
循环自然通风	循环自然通风	循环自然通风
（保温效果最优）		

图 2-61　双层玻璃幕墙保温层的位置

2.4.4　双层幕墙的优化准则

（1）与建筑设计过程的结合

双层幕墙的设计，包含方案设计、初步设计和施工图设计三个阶段，各阶段应有不同的侧重点。

在方案设计阶段，双层幕墙应结合具体的气候和周边环境及建筑室内空间组织整体考虑。

在初步设计阶段，可以对既有方案进行全生命周期经济分析和全年能耗分析、模拟软件。对于重要建筑还应进行风洞试验和幕墙足尺试验。

在施工图阶段，主要任务是深化优选方案，推敲尺寸，优化双层幕墙的尺寸和出入口设计。完成空调系统容量设计和自动控制方案。

（2）双层幕墙的特点

双层幕墙的优势在于，能够促进自然通风，充分利用太阳能，改善室内光环境，隔声降噪，减少恶劣气候的影响，降低空调能耗等。

当然，双层幕墙也有一些不足之处。例如，炎热夏季若处理不当会造成室内过热；立面清洁维护费用高；缺乏对有害气体的净化能力；立面造价增加 1.5~2 倍。这些都需要我们在设计的过程中予以充分考虑，建筑师与工程师有效合作，使双层幕墙和建筑有机结合（图 2-62）。

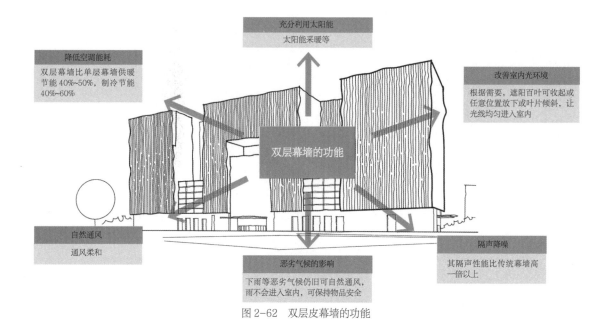

图 2-62　双层皮幕墙的功能

2.5　经典案例解析：吉巴欧文化中心——尊重与利用场所的自然通风设计

吉巴欧文化中心位于南太平洋中心一个美丽的小岛上，是高技派建筑师伦佐·皮亚诺的代表作之一。远望，吉巴欧文化中心质朴的木材、乡土化的布局和形态，似乎与高技术完全不搭调。然而，走近它，那些极度精确而不加掩饰的节点和为应对环境挑战而采取的复杂而有效的技术处理方式则展露无遗。现代工业技术的成就被运用在每一个细节上，从构件的精致加工连接到匠心独运的通风系统和光影组织，高技术的表现是如此的节制和内化，作为阐释地域文化的音符，它们编织成的建筑形态被静谧、惬意的诗意氛围所笼罩。文化中心的建造体现了皮亚诺在创作中所坚持的生态自然观（图 2-63）。

2.5.1　尊重与利用地域文化

在与自然环境长期共处过程中，卡纳克斯人发展出了独具特色的建筑空间形式。这些建筑看似原始简陋，却是特定经济条件和环境条件下简便有效的生存空间问题解决方案。单体建筑均为小型的独立棚屋，采用当地自产的建

图 2-63　吉巴欧文化中心

筑材料建造，外观呈现统一的编织肌理，与环境完全融合在一起。这些棚屋形体高耸，拥有陡峭的屋顶，利于控制气流和排泄雨水；几个单体组成一个簇团，多个簇团则沿一条道路组成村落，道路直通向近端的公共开场空间。这种点、簇、线结合的空间方式使之完全融入自然环境，而且能够有效避免阻碍风路畅通对建筑造成破坏。

建筑师从当地建筑中提取他的设计元素：高耸的"单元体"、由群组串联而成的"村落""编织"的肌理、利用建筑物自身组织通风来制造舒适热环境等，并利用现代技术对这些元素进行加工和再组织（图2-64）。

文化中心的主体由10个被皮亚诺称为"容器（cases）"的高耸的单元体组成。单元体分成三组，形成三个不同功能的簇团。每个簇团拥有自己的道路、公共空间及同海洋的直接联系，每个单元体的形体都是独立的，彼此之间以廊道相连。三个簇团沿着半岛微曲的轴线一字排开，绿色的庭院穿插其中。建筑整体错落有致，远望似风帆，近观则仿佛土著的头饰，与蓝天、大海、绿树相映，不失跳脱意趣，而又不出离其外。那些迎着信风、面朝大海的微微弯曲的单元体，高低错落地排布着，海风穿过木肋板时仿佛建筑在歌唱，阳光投下变幻不定的斑驳光影，恍如卡纳克斯人的舞蹈（图2-65）。

2.5.2 尊重与利用地域气候

吉巴欧文化中心占地面积 $8hm^2$，总建筑面积 $7650m^2$，是法国政府为纪念原住民和平独立运动领袖吉巴欧（Tjibaou）而设立的民族文化博物馆，旨在发展当地的卡纳克斯（Kanaks）文化。努美亚地处热带边缘，属于海洋性气候。每年11月至4月为夏天，高温多雨，经常有台风；5~10月为秋冬季，清凉干爽。岛上植被丰富，常年处于东南信风影响下。建筑所处位置，一面面海，一面面向内湖，具有非常特殊的气候特征（图2-66）。

（1）双层肋板的表皮构造

双层表皮系统形成单元体通风设计的核心。作为单元体的"外墙"，双层表皮构造主要由弯曲的外部肋板层和垂直的内部肋板层构成，这一构造方式能让空气在两

（a）传统聚落　　（b）民居形式

（c）编织技艺　　（d）聚落形式

图2-64 尊重及利用地域文化的场所要素

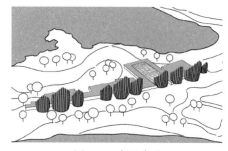

图2-65 场景鸟瞰

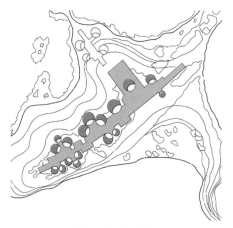

图2-66 总平面图

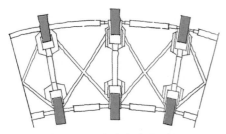

图 2-67　双层表皮平面示意图

图 2-68　双层表皮结构示意图

层肋板结构间直接、自由地流通。设在外部肋板层的开口用于导入来自海洋的信风或其他气流，设在顶部的天窗则用于调节气流大小。当有微风的时候，天窗较大幅度开启以促进通风。而当风力变强时，天窗小幅度开启或关闭以减小气流。双层表皮系统还具有机械缓冲飓风风压的效果（图 2-67、图 2-68）。

（2）差异分布的编织肌理

覆盖在外部肋板结构上的水平条板不仅是为了制造"编织"的肌理效果，其不同的分布方式和间距是为了引导和控制自然通风而做出的特别处理。顶部和底部的水平板条间距较大，外凸的中部的水平板条间距则较小。底部的水平条板间距相对较大使得气流可以水平通过；中部的密集的板条排布迫使水平流动受阻的空气在两层肋板之间上升；而顶部板条相对较大的间距使空气能够较顺利地水平向流动，由此形成低气压，对两层肋板之间的空气产生抽拔效果。这样，单元体顶部形成低气压，底部形成高气压，利用气压差造成内外表皮间的自然通风，从而带走室内多余热量，降低室内环境温度。

（3）独特设计的屋顶天窗

主体部分的屋顶被设计为双层，两层屋顶之间的空气层有助于减少室外太阳辐射和热空气对室内的影响。通过加强建筑外围的空气畅通流动、隔离辐射和热的直接传导，实现带走室内多余热量、制造舒适热环境的目标。在气候炎热的夏季，外层屋顶上方空气温度达到 50℃时，内层屋顶上方只有约 30℃（图 2-69）。

（4）灵活设置的百叶窗

内层的垂直肋板上安装有水平的百叶窗。上部靠近屋顶的百叶窗被设计为固定打开的，以平衡维持室内外的空气压力差，避免屋顶被室内的高气压托起。而位于底部的百叶窗则设计成可调节的，其开闭可根据风力调节，由电脑来控制。

当有主导信风吹过时，各部位的百叶窗打开（其开启程度受控制，通过改变风速来控制通风总量），自然风穿过双层表皮系统"外墙"水平板条进入单元体，再经由单元体和走廊之间隔墙上的百叶窗进入走廊，最后通过庭院屋顶上的孔洞排出。

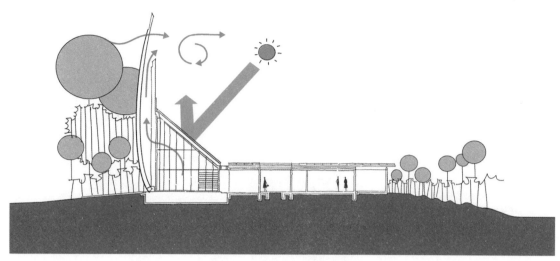

图 2-69　吉巴欧文化中心剖面

　　风力非常微弱时，自然通风主要依靠空气对流进行，单元体内的热空气沿着被设计成倾斜的屋顶上升，并从墙顶部的固定式百叶窗排出。而另一股位于"外墙"双层表皮系统之间的上升热气流也通过吸力促使空气向上，经过这些百叶窗的位置来加强室内热空气的抽拔效果。

　　风力较强时，安装在单元体屋顶下方的感应装置会自动关闭所有位于底部的百叶窗，从而阻止强风穿过建筑。而当从海上吹来的风为飓风时，屋顶下方会形成一个低气压，空气将通过顶部的百叶窗被迅速吸出单元体，从而使室内外的气压得到平衡，以防止建筑被破坏（图 2-70）。

　　利用自然通风达成对建筑内环境的有效调节是皮亚诺的基本思路，皮亚诺并未像一般实践者那样依赖现代技术，他更多借鉴了当地的传统解决方式，在通风系统的组织中最大限度运用低技和传统技术，从而在降低建筑造价的同时，与地域传统建立密切的联系和对话关系。在被动式技术和传统技术不及之处，皮亚诺也引进了一部分新技术，在保证室内环境舒适的情况下达成更好的节能效果，使之既不脱离当地的文脉又具有鲜明的现代建筑特质。

　　也许，这才是处于传统与现代之间最为恰当的姿态：它是现代的，但没有现代主义的傲慢；它谦逊地面对传统，将传统融入自身。

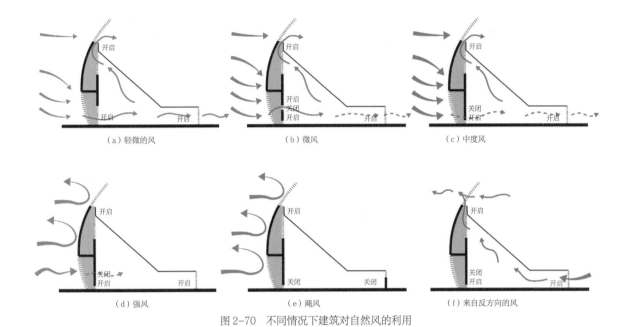

图 2-70　不同情况下建筑对自然风的利用

因此，与其他相对复杂、昂贵的节能技术相比，自然通风技术是绿色建筑所普遍采取的比较容易接受而且廉价的技术措施，它具有节能、清洁的优点，体现了可持续发展的理念。

但是自然通风的实现受到多种因素的影响，而且自然通风系统只是建筑设计中的一部分，单靠它很难达到舒适的目的，它是营造被动式、低能耗建筑整体方案中的一部分，还需加上良好的保温隔热、采光、遮阳等，才能达到减少能耗的最终效果。

绿色建筑光环境优化设计

自然光是大自然赋予人类的宝贵财富，它是一种清洁、安全、可持续使用的能源。充分利用自然光，不仅可节省大量照明用电，还能够提供更为健康、高效、自然的光环境。所以，自然采光设计是绿色建筑设计的重要内容之一。

3.1 自然采光的基本原理

3.1.1 什么是建筑的自然采光

建筑的自然采光，是将自然光引入建筑内部，精确地控制并且将其按照一定的方式分配，以此提供比人工光源更理想、质量更好的光环境（图3-1）。

3.1.2 自然采光设计的种类

（1）建筑的自然光设计：强调建筑物的形式和体量

该部分主要指的是非技术手段的自然光设计。将自然光设计视为一种设计问题，与建筑物的体量、剖面、平面和窗户形式等构成一个整体。自然光的性质、特点和光照量都依赖建筑形式的表达（图3-2）。

（2）技术的自然光设计：强调对辅助性系统和构件的利用

该部分主要分为两个方面。一种是借助技术来支持建筑设计决策，借助技术手段，如遮阳、窗体以及电灯控制等，对建筑方案进行补充和提高。另一种是以技术为主要途径，采用各种技术系统来收集、散射和控制自然光，

图3-1 自然采光在建筑中的应用

如光线管、自然光收集器、高级窗体系统、自然光反射装置等（图3-3）。

3.1.3 自然采光的设计步骤

影响自然采光效果的建筑要素包括建筑的布局、体形、外围护结构、空间形态等，这些因素和自然采光的设计原则息息相关。建筑的自然采光设计主要遵循以下六个步骤（图3-4）。

（1）采光设计标准。要确定满足功能使用要求的照度水平、性能目标，也就是采光设计标准。

（2）建筑形体设计。根据采光目标确定建筑形体的位置、形状和朝向，即建筑形体设计。

（3）采光口设计。确定最有效的采光口，并将其融入基本建筑形式。

（4）采光材料选择。根据气候、洞口位置和朝向等，确定采光材料以及建筑室内的反射材料。

（5）遮阳构件设计。根据天穹的研究或对太阳射线的分析，结合建筑艺术处理，确定能够调节天然采光的建筑构件，如遮阳板等。

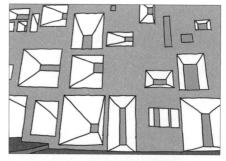

（a）朗香教堂

（b）六甲山教堂

图3-2　建筑的自然光设计

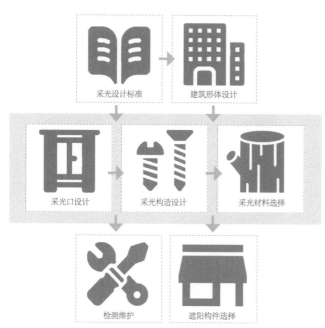

图3-4　自然采光设计步骤

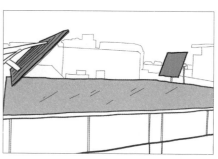

（a）屋顶反光构造

（b）室内反光板

图3-3　技术的自然光设计

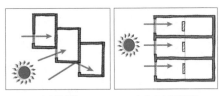

（a）阶梯状　　　　（b）南北房间相连

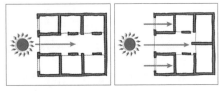

（c）大进深房间在中间　　（d）大房间在中间

图 3-5　大进深建筑的平面形式

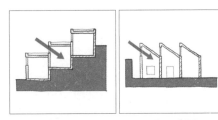

（a）沿山坡成台阶状　　（b）从屋顶获得光照

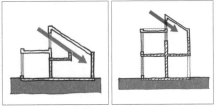

（c）坡屋顶下作夹层　　（d）高大房间在北面

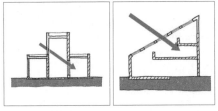

（e）高大房间在中间　　（f）坡屋顶下的夹层

图 3-6　大进深建筑的剖面形式

（6）检测维护改进。施工验收，检测房间的照度水平，进行改进，制定维护措施。

其中采光口设计、采光材料选择、遮阳构件设计，是我们本章的重点。

3.1.4　自然采光的设计标准

（1）光照强度

在《建筑采光设计标准》GB 5033—2013 中，将建筑的各功能房间参考平面上的采光状况分为 5 个等级，侧面采光时采光系数标准值从 I 级到 V 级分别为 5%、4%、3%、2%、1%；顶部采光时采光系数标准值从 I 级到 V 级分别为 5%、3%、2%、1%、0.5%（所列采光系数标准值适用于我国 Ⅲ 类光气候区，采光系数标准值是按室外设计照度值 15000lx 制定的）。在进行建筑采光设计时，由于房间的功能、位置和朝向，以及使用时间或使用频率等因素的不同。每个房间对应需要的采光标准值也就不同。如教育建筑的普通教室的采光不应低于采光等级 Ⅲ 级的采光标准值，侧面采光的采光系数不应低于 3%，室内天然光照度不应低于 450lx；而住宅建筑的卧室、起居室（厅）的采光不应低于采光等级 Ⅳ 级的采光标准值，侧面采光的采光系数不应低于 2%，室内天然光照度不应低于 300lx。

一些建筑由于采光面不足，其内部房间的采光质量和采光均匀度较差，应尽量使得功能房间东西纵向布置，从而保证房间优质的南向采光；若建筑内部房间在诸多限制条件下只能南北并列布置时，可通过将房间在进深方向逐个后退来争取部分南向采光；或通过将南北房间相连来改善彼此进深最深处的采光质量；除此之外可通过将北向房间与阳光间相连、将大进深房间放在建筑中部、大房间南向布置等方式在平面形式上进行优化（图 3-5）。

另外，通过调整剖面形态，也可以优化采光质量。如山地建筑在剖面布置时可依山地走势阶梯状布置；或将建筑屋顶做成连续的锯齿形坡屋顶，通过在锯齿形屋顶上开天窗等方式进行采光；当剖面上各功能房间存在高差时，可以将高大房间放在北面为更多房间争取南向采光等（图 3-6）。

建筑室内的采光分布会受到建筑的地理位置、房间的朝向、房间的平面形状、室外是否有遮挡以及房间的采光洞口等的影响。故在同一个建筑围护体系中，相同时刻建筑立面上不同窗户的采光分布情况也会有很大差异。

（2）眩光

眩光是指视野中由于不适宜的亮度分布，或在空间或时间上存在极端的亮度对比，以致引起视觉不舒适和降低物体可见度的视觉条件。视野内产生人眼无法适应之光亮感觉，可能引起厌恶、不舒服甚或丧失明视度。在视野中某一局部地方出现过高的亮度或前后发生过大的亮度变化。眩光是引起视觉疲劳的重要原因之一（图3-7）。

当光源太强而超出人眼的承受范围时，眩光就会发生。按照眩光类型的不同，可分为不适眩光（Discomfort Glare）和失能眩光（Disability Glare）、直接眩光（Direct Glare）和间接眩光（Indirect Glare）。

（3）视野

视野，物理意义是指人眼固定地注视某一点或某一片区域时（或通过仪器）所能看见的空间范围。窗户的大小、形状、高宽比等很大程度上影响人类的感知。如图3-8所示，在进行建筑采光设计时，应充分考虑开窗洞口对人的视野乃至感知产生的影响。

（4）热舒适度

热舒适度由空气温度、相对湿度、空气运动、平均辐射温度、直接阳光辐射、使用者穿衣和活动水平决定。由于物体两边具有不同的辐射热损失，从高温的身体向低温窗玻璃的热辐射会引起不适感。低温玻璃会引起窗户附近的空气温度下降，产生对流，造成不舒适的空气流动。通过窗户的直接太阳辐射也会引起不舒适感（图3-9）。

3.2 自然采光的设计方法

采光系统主要有三类：侧窗采光系统、天窗采光系统、中庭采光系统（图3-10）。

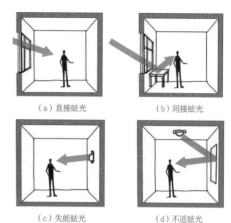

（a）直接眩光	（b）间接眩光
（c）失能眩光	（d）不适眩光

图3-7 眩光示意图

 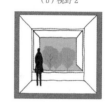

（a）视野1	（b）视野2
（c）视野3	（d）视野4

图3-8 视野示意图

（a）空气湿度	（b）空气温度
（c）辐射热损失	（d）对流

图3-9 热舒适示意图

（a）侧窗采光　　　　　　　　　　（b）天窗采光　　　　　　　　　　（c）中庭采光

图 3-10　采光系统分类

3.2.1　侧窗采光系统

侧窗采光（Side-windows Lighting System），顾名思义，是指采光口在房间一侧或两侧。这是我们最常见的采光方式，我们所处的教室，基本都是采用这种采光方式。侧窗采光的优点是：光线具有明确的方向性，有利于形成阴影，立体感很强；处在房间内部的人能够通过洞口直视外部风景，可以与外部环境直接进行交流。但也恰恰由于这种明确的方向性，侧窗采光容易形成照度分布不均、衰减较快、近窗大远窗小的问题。侧窗有高侧窗、侧窗、低侧窗等形式（图 3-11）。

图 3-11　侧窗采光场景图

3.2.2 天窗采光系统

天窗采光（Skylight Lighting System），指采光口位于房间上部。天窗的种类很多，如矩形天窗、锯齿形天窗、横向天窗、井形天窗、平天窗等。随着工业生产的精细化与专业化，天窗既可以根据标准尺寸大规模生产，也可以将玻璃与建筑结构进行一体化定制设计（图3-12）。

设计天窗的时候，有三点需要注意：①防止井壁效率损失；②可在天窗下设置挡板，调节光照方向；③天窗形态应结合屋顶设计。

（1）天窗采光与造型结合

图3-13是某大学图书馆的屋顶天窗，该天窗为典型天窗。在该工程中，大片的天窗营造出明亮舒适的室内自然光环境，天窗与桁架结构集成在一起，形成了丰富的室内空间效果。天窗的特色造型也成为建筑屋顶形态的重要特征。

（2）天窗采光与空间结合

与平天窗相比，带有垂直玻璃的屋顶窗能够捕捉到小角度入射的太阳光。屋顶窗比常规窗户更容易提供无眩光的光线，利用天花板作为反射面，能够增加屋顶窗捕捉的自然光的量，被广泛应用于博物馆和车间等。

图3-14是广东培正学院的屋顶天窗，该天窗为垂直天窗。由于带有垂直玻璃的屋顶窗能够捕捉到小角度入射的太阳光，在没有人工照明的条件下，顶层整个走廊空间都能够达到舒适宜人的光环境效果。走廊内部设有竖向天井，通过天井，把天光引入到建筑的下层空间，使整个建筑的公共空间都能够享受到自然光的普照。

（3）天窗采光与遮阳结合

中国普天信息产业上海工业园生态科研楼，建筑师将天窗的构件进行了特殊设计。利用光线在不同时段的不同角度，设置采光与遮阳，有选择地将所需太阳辐射引入室内，并防止过量射入（图3-15）。

展厅天窗结合了建筑的结构构件，6组截面呈扁"U"形的构件将展厅屋面划分出5个条状天窗。它们向东开启，与水平方向成10.5°夹角。清晨，曙光射入展厅，在空间

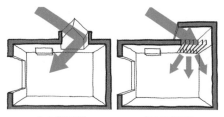

（a）典型天窗　　　（b）垂直天窗

图3-12　天窗采光示意图

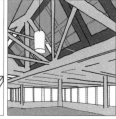

（a）天窗外部　　　（b）天窗内部

图3-13　某大学图书馆天窗

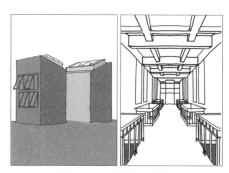

图3-14　广东培正学院

图3-15　普天信息产业上海工业园生态科研楼

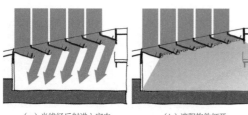

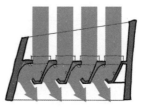

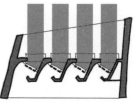

（a）光线经反射进入室内　　　（b）遮阳构件打开

图3-16　展厅"U"形构件采光分析

（a）光线经反射进入室内　　　（b）遮阳构件打开

图3-17　中庭"S"形构件采光分析

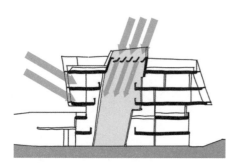

（a）采光示意图

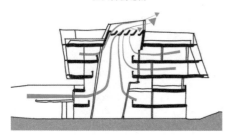

（b）通风示意图

图3-18　中庭空间示意图

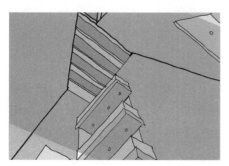

图3-19　普天信息产业上海工业园生态科研楼

中形成光影，唤醒沉睡中的建筑。白天，阳光经过斜向构件的反射进入室内，柔和而均匀，在展厅内形成良好的光环境。夜晚，建筑内部的灯光从天窗溢出，与上部体量的百叶表皮一起，共同构成梦幻的空间效果（图3-16）。

中庭天窗顶部采用的白色结构构件，截面呈"S"形，射入天窗的太阳光经过两次反射，柔和地洒向整个中庭。天窗的设计还考虑了对天然光的补足。阴雨天，天光入射量小、照度低，隐藏在天窗构件上的节能光源可以作为补充。光线通过"S"形弧形面反射，营造出宛如自然光的照明效果（图3-17~图3-19）。

3.2.3　中庭采光系统

中庭采光系统（Atrium Lighting System），最大的优势在于提供优良的光线和深入到平面进深最远处的可能性，中庭本身即是一个天然光的收集器和分散器。导到中庭底部的光通量取决于中庭本身的比例以及底层部分对面的墙体。形状优化的中庭空间，能够提升中庭的采光效率。庭院、天井、建筑凹口等都可以看作是中庭的特殊形式（图3-20）。

卢浮宫改扩建工程的入口大厅位于地下，覆盖其上的玻璃金字塔为位于地下的入口空间最大限度地争取了与室外环境相似的自然光环境。玻璃金字塔由673块精心制作的无色玻璃组成。它的设置使参观线路变得更为合理，自然光线通过玻璃金字塔的三角形杆件映射在方形的大厅内，形成丰富的光影效果。这个入口大厅，是参观者来到卢浮宫第一个接触到的空间，也是各展厅之间的过渡空间（图3-21）。

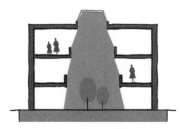
（a）"A"形采光中庭

（b）"H"形采光中庭

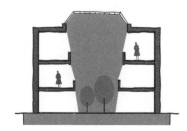
（c）"V"形采光中庭

图3-20 不同形式的中庭采光

卢浮宫北翼的三个内院改建后都加上了玻璃顶，成为中庭，既增加了展出面积又丰富了内部空间。改建后的北翼焕然一新，门厅既有传统特色又颇具新意。北翼二层改建为一系列的标准展厅，顶部均设采光天窗，自然光线经反射板可折射到展品上，而反射板又成为顶棚的重要装饰。自然光均匀地倾泻在内部空间，很好地保护了展品避免被阳光直射。同时可以解放墙体用于展品的展示，加大了展示空间的利用率（图3-22）。

由于卢浮宫是在原有古典宫殿的基础上改造而成的，一些展厅由于其上还有建筑而无法利用顶部引入自然光，因此还设计了一系列模仿自然光效果的发光顶棚（图3-23）。这种运用由顶部倾斜而下的自然光线制造神圣感的方法来自于对教堂建筑的空间体验和学习，在对具有历史感或特殊事件价值的展品进行照明时，这种光线模式具有特殊的效果。

卢浮宫富有历史感的自然采光，利用中庭采光、天窗采光、发光顶棚等方法，将引进自然光的展厅和模拟自然光照明的展厅交替出现（图3-24），使人仿佛一直徜徉在自然当中，一直醉心于真实的艺术品之中。

环境国际公约履约大楼也采用了中庭采光的方式（图3-25）。为了更加有效地控制太阳辐射进入到建筑室内数量和方向，建筑师在中庭上部设置了太阳光反射装置，能够在不同的日照时间内，有效地将太阳光反射到中庭底部，增加中庭底部的天然光采光性能（图3-26）。

不仅如此，建筑师还在中庭的内部吊装了枝状挂件反射装置，有效地将光线反射至各个方向，增强室内的自然采光均匀度，使中庭周边走廊的天然采光系数平均值明

（a）外景

（b）内景

图3-21 巴黎卢浮宫玻璃金字塔及入口空间

图3-22 自然光展厅　图3-23 模拟自然光展厅

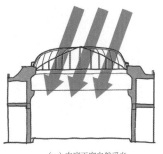

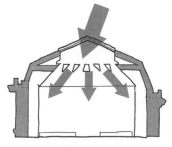

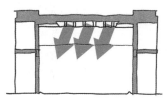

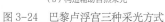

（a）中庭天窗自然采光   （b）构造辅助自然采光   （c）模拟自然采光

图 3-24   巴黎卢浮宫三种采光方式

图 3-25   环境国际公约履约大楼

显增加，降低人工照明耗电量。通过模拟，建筑中庭周边走廊的照明耗电量由采用追光系统前的 4928.48kWh 降为 3511.33kWh，为原有的 71.25%，每年节省照明耗电量 1417.15kWh（图 3-27、图 3-28）。安装在建筑立面上的反光板，对室内办公空间的光环境优化也起到了重要的作用（图 3-29）。

3.3   新型采光构造

3.3.1   导光管

导光管（Light Guide），由用于收集日光的采光罩、用于传输日光的管体部分、用于控制光线在室内分布的出光部

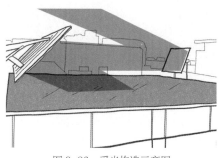

图 3-26   采光构造示意图

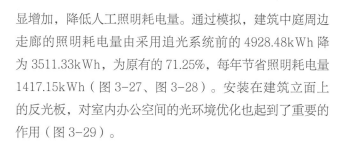

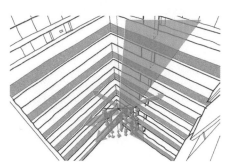

图 3-27   中庭反光装置

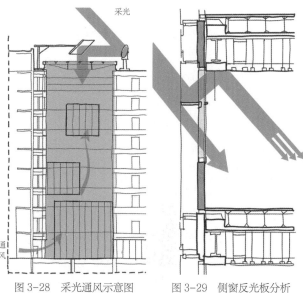

图 3-28   采光通风示意图   图 3-29   侧窗反光板分析

分组成。垂直方向的导光管可以穿过结构复杂的屋面和楼板，将天然光引入每一层、甚至地下层，适用于天然光丰富、阴天较少的地区。光导照明系统是一种新型照明装置，其系统原理是通过采光罩高效采集自然光线，导入系统内重新分配，再经过特殊制作的光导管传输和强化后由系统底部的漫射装置把自然光均匀高效地照射到任何需要光线的地方，得到由自然光带来的特殊照明效果（图3-30）。

导光管还可以根据空间需要，布置在不同的位置。导光管位于顶棚，能够在房间中形成类顶灯的采光效果。导光管位于侧壁，能够形成类舷窗的采光效果。不同的采光效果能够营造出不同的室内氛围（图3-31）。

光导照明系统与传统的照明系统相比，具有独特的优点和良好的发展前景，是节能、环保、绿色的照明方式。

（1）导光管改善中庭采光——同济大学建筑与城市规划学院

该建筑采用了导光管来改善内部采光，光通过建筑顶部的光导管进入室内，然后再经过建筑内部每层走廊中预留的通高采光中庭进入底部。与此同时，通高中庭附近的磨砂玻璃围护结构也可以使得通过导光管进入室内的光线，在经过漫反射后，光环境变得更加匀质均匀。经过导光管、通高采光中庭和磨砂玻璃围护体系的三重作用，建筑内部的采光质量大大提高，内部光线也变得柔和（图3-32）。

（2）用导光管改善场馆采光——北京奥运会柔道跆拳道馆

北京奥运会柔道跆拳道馆是光导管技术的成功尝试。该项目安装了148个直径为530mm的光导管（折射率为99.7%），是目前国内单体建筑中安置光导管数量最多的建筑。在阳光较好的情况下，它采集的光线能满足体育训练的要求，基本可以不开灯或者少开灯。光导管在白天采集光源照亮室内，晚上则可以将室内的灯光通过采光罩传出，起到美化夜景的作用（图3-33）。

为了提升光导管照明系统的采集效率，体育馆光导管照明系统研制开发专用模具，对普通采光帽进行技术更新，使其能采集更多的太阳光。光导管照明系统的核心部件是光导管本体，利用全反射原理来传输光线。该项目采用的

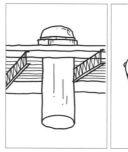

（a）轴测图　　　　　（b）透视图

图3-30　导光管示意图

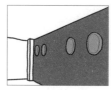

（a）位于侧壁　　　　（b）位于顶棚

图3-31　导光管位置示意图

（a）场景1　　　　　（b）场景2

图3-32　同济大学建筑与城市规划学院

图3-33　北京奥运会柔道跆拳道馆

(a) 室外   (b) 室内

图 3-34   顶棚导光管

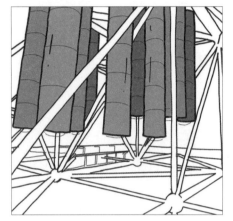

图 3-35   屋面内导光管构造示意图

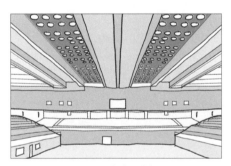

图 3-36   室内采光场景

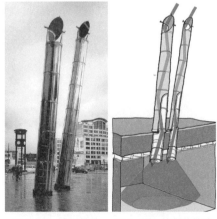

图 3-37   德国柏林   图 3-38   德国柏林波
波茨坦广场   茨坦广场采光分析图

光导管，其光的一次反射率高达 99.7%，可有效地传输太阳光，比普通导管采光效率提升 2~3 倍。采用透镜技术制成的针对体育馆的专用漫射器，将光线均匀地漫射到室内，使房间内无论早晚、中午均可沐浴在柔和的自然光中。为了体现"绿色奥运"的要求，采光帽、漫射器均采用可回收的有机塑料制成，具有专利技术的采光帽可滤掉大部分的紫外光，反射绝大部分的可见光，有效地防止紫外线对空间内物品的损坏（图 3-34、图 3-35）。

安装光导管照明系统的屋面防水是一个重要问题。该设计采用防水平板 + 套筒 + 防水件 + 进口胶带的做法，其中防水平板用来调整屋面变形，套筒 + 防水件 + 进口胶带用来保证采光帽的防水效果。实际使用效果良好（图 3-36）。

（3）用导光管改善地下空间的采光——德国柏林波茨坦广场

德国柏林波茨坦广场上使用的导光管直径 500mm，顶部可随日光方向自动调整角度，从而提升采光效率。其高耸的造型不仅很好满足了地下空间的采光需求，也暗示了地下空间的存在。与此同时，导光管所表现出的技术美学，增加了广场的艺术特色，仿佛雕塑一般，起到标志性作用（图 3-37、图 3-38）。

3.3.2   光导纤维

光导纤维（Optical Fiber）与光导管的原理相似，也是由聚光部分、穿光部分、出光部分组成。光纤采用集中布线的方式，每个直径 10mm。光导管的管体部分限制了它的转折和在异形空间中的使用，而光导纤维最大的优势正在于可以灵活弯折，可以穿透至建筑的任何部位，把自然光送到建筑的任一个角落，甚至可以将集光装置布置在建筑以外，如街道、广场等场所，通过地下管线再引入建筑内部。但相较于光导管，光导纤维的光通量要小得多（图 3-39）。

3.3.3   采光隔板

采光隔板（Lighting Shelf）是在侧窗上部安装一个或一组反光装置。当建筑采用侧窗采光时，靠近窗的工作面光通量较大，且容易造成眩光。而远窗位置，随着进深的增加，光线的衰减很快，容易造成室内照度的不均匀。此时，可以在采光口偏上的部位安装采光隔板，一方面，可以减少近窗工作面的照度；另一方面，多余的光线经过采光隔板折射后，将光线引入房间内部，能够提高房间内部照度，且能够改善室内采光均匀度（图3-40、图3-41）。还可以将多个采光隔板叠加在一起，与屋顶或室内装饰结合，从而调节大空间的光环境（图3-42）。

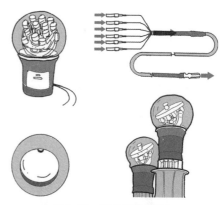

图3-39　光导纤维示意图

3.3.4　导光棱镜

导光棱镜（Optical Prism Window）则利用棱镜的折射作用改变入射光的方向，使太阳光照射到房间深处。棱镜窗一面是平的，一面是带有平行的棱镜，可以有效地减少眩光，提高室内照度均匀性（图3-43、图3-44）。

3.4　新型采光材料

图3-40　采光隔板　　图3-41　采光隔板
　　　　　原理　　　　　　　　示意

3.4.1　玻璃材料的优化

（1）烧结玻璃

烧结玻璃也称磨砂玻璃，是通过颗粒烘烤干燥并浇熔到玻璃的表层，从而形成了一种半透明的表层，达到整体遮阳效果的。烧结玻璃可以是单层的，也可以通过多层复合形成空腔，使其具有更好的隔热效果（图3-45、图3-46）。

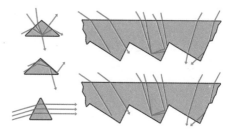

图3-43　导光棱镜原理

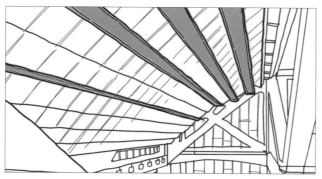

图3-42　阿什希腊中学图书馆

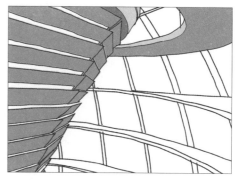

图3-44　德国国会大厦中庭导光棱镜

图 3-45　布雷根茨美术馆

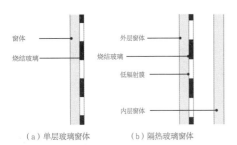

（a）单层玻璃窗体　　（b）隔热玻璃窗体

图 3-46　烧结玻璃种类

图 3-47　德国波恩议会大厦新楼议会大厅

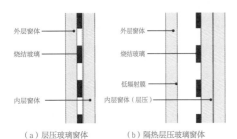

（a）层压玻璃窗体　　（b）隔热层压玻璃窗体

图 3-48　层压玻璃种类

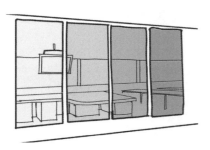

图 3-49　电变色玻璃示意图

（2）层压玻璃

层压玻璃是由两块普通玻璃胶合而成，中间夹有一层薄膜，经强力胶制而成。在破裂时中间夹的薄膜可以防备石块或其他飞掷物件穿透到另一面，亦能防备玻璃碎片飞溅。这种材质的玻璃主要运用于车辆的前风挡与后风挡，以及屋顶天窗或对安保要求比较高的建筑当中。位于德国波恩的议会大厦新楼由甘特·贝尼奇及其合伙人事务所设计，在建筑外部使用了大量的层压玻璃。为了满足在室内形成一个具有向心力的空间焦点，在会议大厅的顶部设计了一个大尺度的天窗，为建筑提供自然采光。这个天窗由室内外两层构成，一系列百叶窗把太阳光反射进议会大厅内部，天窗下的金属格构既能够起到反射板的作用，又把通风口、电灯、喷淋等设备纳入其中。议会大厅内部，被柔和的漫射光笼罩，大厅外部波光粼粼，与周边环境相互映射，别有一番景象（图 3-47、图 3-48）。

（3）电变色玻璃

电变色玻璃（Electro Chromic Glass）通电后，可以通过电压变化，改变正负离子的状态，从而改变玻璃的透明度，从而适应不同情况下房间使用者对私密性的不同需求，这种玻璃多用于室内，不仅可以作为采光材料，还可以作为房间的内部隔断。图 3-49 所示为某实验室面向走廊的洞口，即安装了电变色玻璃，实验室不使用时为透明的玻璃，可以作为仪器设备的展示窗口；当实验室工作时，则调节为半透明或不透明的玻璃，既避免走廊里的人流干扰，又反映了实验室繁忙的工作状态。

（4）热变色玻璃

热变色玻璃表面有一层热变色涂层，它会根据温度的变化改变玻璃的透明度。如图 3-50，当把手按在热变色玻璃上，再将手拿开，手掌部位玻璃的透明度就会发生变化。

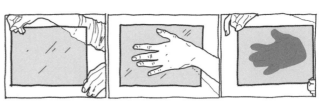

图 3-50　热变色玻璃示意图

这是因为在这块玻璃表面增加了一层热变色涂层，透明度将会根据温度的变化而改变。手心的温度较高，则不透明度变大。将手拿走，温度下降，透明度将恢复到原来的状态。将热变色玻璃应用在建筑的窗户上，当室外温度升高时，玻璃的透明度将会降低，从而起到遮阳的作用。这种渐变式的改变将根据屋外温度而不断发生变化，相当于将采光与遮阳复合在同一材料上，具有更好的调节性和适应性，提升了室内舒适度，避免眩光，同时降低了室内能耗。

如某建筑应用了热变色玻璃，不同时间点热变色玻璃的透明度情况不同。早上，太阳辐射较弱，透明的玻璃可以让柔和的光线直射进室内；中午，太阳光强烈，温度升高，玻璃透明度降低，可防止辐射过热和眩光；下午，太阳落山，光线减弱，玻璃的不透明度也会随之降低（图3-51）。

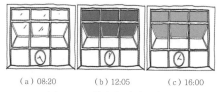

（a）08:20　　（b）12:05　　（c）16:00

图3-51　热变色玻璃示意图

（5）气变色玻璃

气变色玻璃通过惰性气体染色涂层，改变玻璃色彩和透明度，从而起到防晒或遮阳的作用。感应材料的应用，使表皮材料可以与环境和人发生实时的互动。

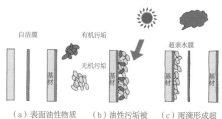

（a）表面油性物质　（b）油性污垢被　（c）雨滴形成超
具有黏附作用，加速　光催化自洁膜分解　亲水膜，将灰尘
灰尘的黏附　　　　　　　　　　　冲刷干净

图3-52　自洁玻璃原理图

（6）自洁玻璃

自洁玻璃指在玻璃表面上涂抹一层特殊的涂料，这种特殊的涂料就是所谓的"自洁涂料"。玻璃表面拥有高疏水性，使得灰尘或者污浊液体，尤其是含有有机物的物质，都难以附着在玻璃的表面，让水滴本身的表面张力产生水滴状的现象，水滴会自然滑落带走尘埃，使玻璃拥有易洁效果，灰尘也将无法堆积，比起一般玻璃的水渍淤积，长期下来效果有相当明显的差异（图3-52、图3-53）。

（a）普通玻璃使用一段时间后　（b）自洁玻璃使用一段时间后

图3-53　普通玻璃与自洁玻璃对比

（7）光触媒技术应用

在玻璃表面涂抹一层光触媒膜（如氧化钛），在350~400nm紫外光的照射下，发生光化学反应，光触媒物质活化后，可促使形成污垢的物质分解，并能杀死大肠杆菌等病原体，减少玻璃表面污染。

国家大剧院给玻璃、金属表面平滑的建筑外墙喷涂了具有超亲水、防静电、抗菌、防结露和自洁等特性的高效纳米自洁和除菌涂层。使用前后，温差可达3~8℃。能够阻隔95%的有害紫外线，透光率仍可达到90%（图3-54、图3-55）。

图3-54　国家大剧院

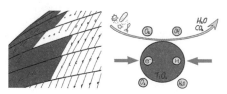

图3-55　光触媒技术原理

图 3-56　透光混凝土透光效果示意图

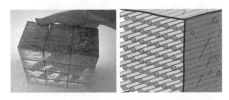

图 3-57　透光混凝土构造示意图

（a）外景

（b）内景

图 3-58　耶鲁大学珍本图书馆

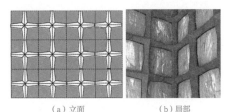

（a）立面　　　　（b）局部

图 3-59　透光大理石

3.4.2　混凝土材料的革新

随着材料技术的成熟与革新，混凝土与石材不再是不透明材料，而成为具有特殊透光效果的材料。石材与玻璃的不同之处在于：透过光线，不但能够看到另一侧的景象，还能够投射出石材本身的纹理，形成特殊的透光效果（图 3-56、图 3-57）。

耶鲁大学图书馆群落中，贝尼克珍本与手稿图书馆（Beinecke Rare Book and Manuscript Library）是非常有特色的一座建筑，也是当今世界上最大的古籍善本图书馆，藏有五十余万册的珍本书及数百万册手稿。图书馆分为两部分，下部是大厅和阅览室，上部是书库。书库共分 6 层，每层 7 格书架，所有的书一律书脊朝外，外罩一层玻璃墙。这里的所有书籍均可借阅，但只限于馆内阅读。图书馆的镇馆之宝是欧洲最早的活字印刷本——《古腾堡圣经》（Gutenberg Bible），是全世界仅存的 21 部完整版本中的一部，也被"养"在玻璃房内。一旦发生火灾，玻璃屋内会被迅速抽成真空，避免了其他灭火材料在灭火的同时对书籍的破坏。虽然很奢侈，但却解决了有史以来爱书人对图书馆这种塞满书的地方的最大担心！

图书馆的墙壁是透光的大理石，产自佛蒙特州，没有常规意义的窗户，避免阳光直接照射，从而保护馆内古籍。简洁、统一的建筑形态，使这幢建筑呈现出粗野、豁达的性格特征。但在阳光照射下，大理石纹路清晰可见，就像一幅幅抽象画作，为这个古籍图书馆，增添了神秘的色彩。室内空间也由于斑驳的光影，呈现出丰富多彩的空间氛围（图 3-58、图 3-59）。

3.4.3　可变色的聚碳酸酯

赫尔佐格和德梅隆是表皮设计的高手。他们不断创造出新的表皮材料，以满足他们对表皮创新的需要。他们设计的伦敦拉班现代舞中心使用了一种革新的塑料板材——变色聚碳酸酯。这个建筑是一个文化中心，容纳了 1 个拥有 300 个座位的剧院、13 个舞蹈室、1 个图书馆、1 个档案室以及 1 个对外开放的酒吧。聚碳酸酯是一种透明或半透明的塑料板，它可以与环境中的光线产生互动。白天，它吸收不同季节和不同时间段的阳光，将自己隐藏在环境色当中，从黄绿色到绿松石色再到紫灰色。根据光线的角度和观察者位置的不同，材料会产生千变万化的光镜模式。在室内，透明玻璃的第二层立面使舞蹈室内产生令人愉悦、舒适的彩色光线，同时也营造了一种温暖、活跃的氛围。当夜幕降临，它仿佛是一座灯塔或是一个五彩缤纷的灯笼，发出耀眼的光芒（图3-60）。

（a）外景

3.4.4 可变化的媒体界面

格拉茨美术馆由彼得·库克等建筑师合作完成，被当地人称之为"友善的外星人"。建筑采用自然生物体形态，流动的曲面体量具有不可复原为简单形体的复杂性。这幢建筑拥有精密的低噪声、低能耗环境控制系统。

这座建筑的表皮超越了普通建筑对周围环境所做的反应，表现出了建筑与环境的互动。大像素的媒体墙技术，将光电板和感应器整合到建筑的外表皮内，将圆形氖光灯源均匀地布置在表皮下，925盏圆形45W荧光灯将复杂的表皮曲面转化成一面45m宽、20m高的低分辨率的显示屏。建筑表皮构成了一种特殊的建筑语汇，这些与环境互动的技术装置使建筑具有特殊的识别性。光环被整合到复杂的建筑形式当中，使动态像素在内部艺术活动向外传播的过程中变得清晰可辨。媒体墙的这种互动性创造了一种效果，建筑本身即是影像和图片的发生器，同时建筑表皮成为面向公众传播艺术信息的"交流膜"（图3-61~图3-63）。

（b）内景

（c）可变色聚碳酸酯

图 3-60 伦敦拉班现代舞中心

图 3-61 格拉茨美术馆

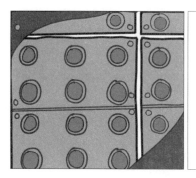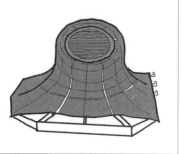

图 3-62 格拉茨美术馆表皮单元构造

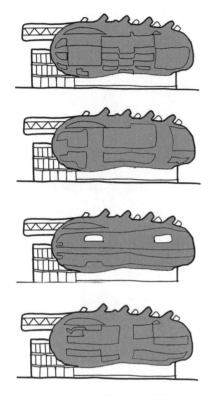

图 3-63 格拉茨美术馆表皮媒介变化

3.4.5 采光的多层膜结构

随着建筑技术、材料的发展，膜材料越来越多地被应用到建筑领域当中。目前常用的建筑膜材料主要分三类：PTFE 膜材料、PVC 膜材料、ETFE 膜材料。

PTFE 膜材料，它的织物基材为玻璃纤维，膜材涂层的主要成分为聚四氟乙烯树脂（PTFE）；PVC 膜材料，它的织物基材为聚酯类、聚酰胺类纤维的织物，它的涂层主要成分为聚氯乙烯类 PVC 树脂；ETFE 膜材料，无织物基材，主要成分为乙烯—四氟乙烯共聚物。前两类膜材料也被称为织物类膜材料，因为织物纤维的存在使它具有抗拉性能，ETFE 膜材料因为没有织物基材，所以不适宜作为具有抗力要求的结构膜面，但它允许产生大的弹性形变，且透光性能与玻璃接近。由于膜结构具有质轻等特点，所以将它们用于大跨度的建筑中，可以大大降低结构的自身承重，减少建筑结构负荷（表 3-1）。膜结构在国外的应用较多，如德国慕尼黑安联体育场、英国国家太空中心博物馆、澳大利亚昆士兰大学全球变化研究所等，以及我国的侨福芳草地，都采用的是 ETFE 膜结构材料。

（1）德国慕尼黑安联体育场

德国慕尼黑安联体育场位于城市北郊，整个球场看起来就像一个周长 840m 的发光气泡。球场外表由 2874 个独立的 ETFE 长菱形的透明充气垫组成，12 个气泵站配置使气垫内部保持恒定的压力。通过向充气垫内充入电控的五彩气体，建筑表皮可以呈现出色彩丰富的效果。白天球场呈现珍珠母白色，夜晚整个场馆表皮可以根据要求，

三种膜材料的性能比较   表 3-1

	PVC 为面层的聚酯织物	PTEE 为面层的玻璃织物	ETFE
抗拉强度：经向 / 纬向（kN/m）	115/102	124/100	10/12（0.25mm 膜材）
织物的重量（g/m²）	1200（类型 3）	1200（类型 G5）*	437.5
可见光的透过率（%）	10~15	10~20	> 95
弹性 / 折痕的恢复能力	高	低	高
使用寿命（年）	15~20	> 25	> 25
成本	低	高	高

由中心控制展现出红、绿、蓝等不同颜色。因为安联体育场是慕尼黑两支俱乐部足球队的共同主场，膜下的两种气囊在不同球队主场作战时会分别发出红色和蓝色的光芒，远远望去便可知道哪支球队在主场比赛，主队进球时体育场外表的灯光还将会加亮。它仿佛是一个巨大的信息媒介，向外界及时地传递球场内部的氛围，并以此带动更多观者的情绪（图3-64、图3-65）。

（2）昆士兰大学全球变化研究所

澳大利亚昆士兰大学全球变化研究所由哈塞尔事务所（Hassell）设计，建筑展示了可持续发展技术研究，并用于对可持续发展建筑创新解决方案进行试验。建筑设计旨在与自然环境相协调，使办公空间运营实现零能耗与碳中和，为环境修复与再生作出贡献。

全球变化研究所拥有一个多嵌板钢结构穹顶空间的中庭庭院，采用了3层结构的半透明ETFE膜屋顶。膜气枕的气压和形状随外部荷载改变而改变，作为一种自适应结构，能够在过度炎热的情况下降低透光率和太阳负荷，膜面印刷可以反射过量的光线，多层膜组成的气枕上的反对称图案能够达到控制透光率的目的（图3-66~图3-68）。建筑在全年大部分时间实现自然通风，建筑所有用电都是使用可再生、无污染的太阳能进行现场发电及储存，剩余电力将回输至国家电网。建筑采用结构性聚合物混凝土，这种混凝土是一种低碳产品，温室气体排放大大低于传统混凝土。

（3）侨福芳草地购物中心

侨福芳草地购物中心是中国第一个获得绿色建筑评估体系LEED铂金级认证的综合性商业项目。建筑总面积20万m^2，2011年竣工，是我国非常有特色的绿色建筑之一。

侨福芳草地将环保的理念深入每个细节中，首先从外观上，顶部采用ETFE膜材料，结合通透的玻璃幕墙及钢架结构，组成独特的节能环保罩。ETFE膜结构，其重量只有玻璃的1%，相比普通的屋顶构造，膜结构需要更少的支撑，降低钢材的使用量，且100%可回收。顶部透光率达到95%，无眩光和阴影，在因阳光照射而材料老化方

（a）日景白色

（b）夜景蓝色

图3-64 德国慕尼黑安联体育场

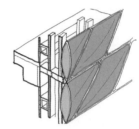

图3-65 安联球场膜结构示意图

图3-66 昆士兰大学全球变化研究所

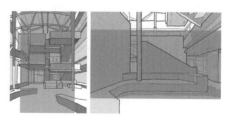

图3-67 膜结构中庭采光

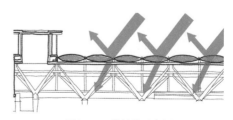

图3-68 膜结构示意图

图 3-69　北京侨福芳草地购物中心

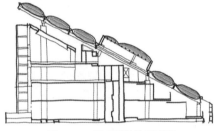

图 3-70　屋顶膜结构示意图

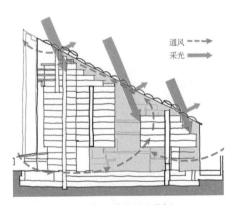

图 3-71　采光通风分析

面也优于玻璃,基本可以实现自我清洁,创造出独特、舒适、有趣的微气候环境,做到了冬暖夏凉,节省了空调系统的使用。从内在来说,稳定的内部微循环系统,结合楼群 VAV 冷水吊顶系统和智能 BMS 系统,可以节约至少 60% 的能源使用率,最高达到 80% 的比率。同时,模块化办公格局的灵活性和兼容性也为租户节省了 10%~15% 的装修成本(图 3-69~图 3-71)。

膜结构还具有燃点较低的特征,建筑发生火灾时,当室内温度达到临界值,膜材料能够熔化,使室内中庭空间转化为室外空间,从而解决了建筑超大空间的消防问题。"环境外膜"包裹了四栋大楼,每栋大楼都是围绕挑高的中庭空间建成,渗透着城市街道的氛围。由于这个外膜的存在,可以有效控制室内空间的空气质量,给使用者创造了高标准的健康和安全的环境。在夏季和冬季,以新鲜空气来调节室内微气候。通过前通风百叶窗来散发过多的热量,随后关闭以保温。在春季和秋季,更多的是采用自然通风来调节室内环境(图 3-72、图 3-73)。

此外,项目的节水设备也非常丰富,不仅包括电子水龙头、卫生间节水洁具以及低流量淋浴设施等,雨水过滤后也可循环利用被用于绿化灌溉,从而提高水的利用率。

3.5　经典案例解析:美国加州科学院——与环境共生的自然采光设计

加州科学院于 1853 年在旧金山成立,它是美国最负盛名的机构之一,也是少数在同一地点将科学研究与大众体验结合的自然科学研究所之一。加州科学院建筑由伦

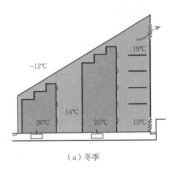

(a)冬季

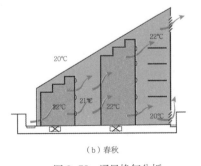

(b)春秋

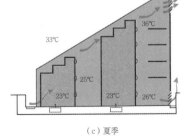

(c)夏季

图 3-72　通风换气分析

佐·皮亚诺设计,这座建筑包含了水族馆、天文馆、自然
历史博物馆和世界级的研究设施,所有这些都在一个生态
屋顶下。巨大的绿色屋顶在天地之间顺畅呼吸,人们伸展
运动和研究活动的动静结合,是加州科学院希望通过建筑
空间赋予自然历史博物馆新的活力;科学院也想借此机会
展现他们对于自然知识的热爱并告诉人们地球本身很脆弱
的事实(图 3-74~图 3-76)。

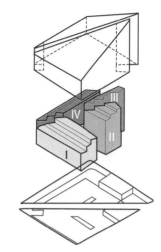

图 3-73 体量分析

3.5.1 屋顶天窗,照亮科学之光

(1)自动开合的采光天窗

科学馆的穹顶上放置了几十个可自动开合的采光通风
天窗,自然光可以径直照射进来,对下方的空间区域进行
直接照明。在雨林和珊瑚礁位置的上方区域都设置了天窗,
满足了室内动植物对日光的需求。屋顶开窗配合大楼外侧
通体玻璃幕墙的使用使得90%的建筑区域都可以自然采
光,减少了建筑人工照明的能耗。科学馆所有的玻璃均采
用可以降低热吸收和冷负荷的高性能玻璃。而那7个模仿
山势起伏的隆起"山丘"是根据冷空气密度比热空气密度
低,热空气会自动上升的烟囱效应而设计的。圆球状的屋
面轮廓会引导凉风进入建筑内部空间。屋顶上的天窗可电
动控制开闭来进行通风散热,带走建筑内部的热空气。持
续不断的空气循环,不但可以让科学馆内的空气自然流通,
而且减少了建筑换气的能耗(图 3-77~图 3-82)。

图 3-74 加州科学院天窗的自然采光

(2)减少碳排放的太阳能板

屋顶周围是透明的玻璃顶,两块玻璃板中间安装了太
阳能板,太阳能板采用的电池全部是高效率的多晶体电池,
可节能至少20%,每年可以提供将近 213 000kW·h 的
太阳能清洁能源,可以提供给科学馆内用电总量 5%~10%
的需求,平均每年减少超过 183t 的温室气体排放量。

图 3-75 加州科学院前广场

(3)模仿自然的人工照明

太阳能板在玻璃顶棚中清晰可见,为下面的游客提供
了遮阳和视觉效果。在设计雨林穹顶过程中,照明工程师
通过测量进入玻璃穹顶的日光量,并结合可变人工照明,
从而补偿植物在阴雨天的光照不足。虽然是人工照明,但
动物们体验到的是和野外几乎相同的生活感受。一些展览

图 3-76 加州科学院室内走廊充沛的光线

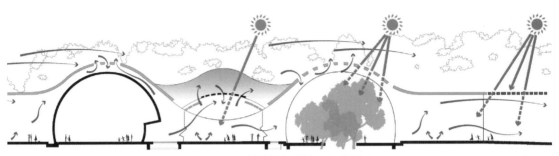

图 3-77　加州科学院采光与通风分析图

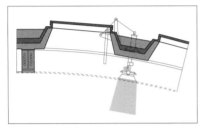

图 3-78　天窗关闭、射灯方向垂直状态

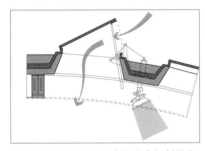

图 3-79　天窗开启、射灯方向倾斜状态

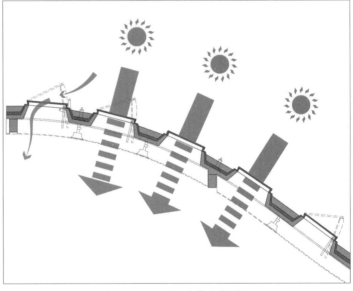

图 3-80　屋顶天窗节点分析图

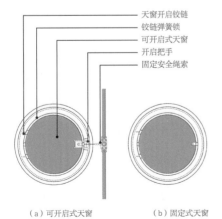

天窗开启铰链
铰链弹簧锁
可开启式天窗
开启把手
固定安全绳索

（a）可开启式天窗　　　　（b）固定式天窗

图 3-81　天窗类型

图 3-82　加州科学院天窗的自然采光

辅助音频、动态照明等，甚至形成剧院式的展览，使游客
仿佛置身水下世界或真实的雨林环境。

3.5.2　屋顶绿化，新的可持续建筑

（1）吸引动物的屋顶绿化

绿化屋顶种植了将近 170 万株植物，总计 9 种，都是
不需要人工灌溉并且具有高成活率的加利福尼亚当地的物
种。这些植物不但与当地的生态系统完美契合，而且本身
就构成了适合多种野生生物栖息的环境。其中有的吸引当
地的鸟类，有的吸引黄蜂，有的吸引蛾和蝴蝶，有的吸引
了大量的益虫（图 3-83~ 图 3-85）。

绿色屋顶还有效地降低了室内温度，给建筑提供了超
级隔热层，使其比普通建筑的室内温度平均降低 10℃，极
大地减少了使用降温的能源成本。

（2）收集雨水的屋顶绿化

科学馆的绿色屋顶每年可以吸集 757 万 L 的雨水，
不但为屋顶植被与室内动植物提供生活用水，还为科学馆
的排水系统提供水源，可以减少 90% 以上的屋顶绿化雨
水径流量（每年预计减少 9092m³）。植被之下透水的天
然织物形成水循环系统。屋顶还设有天气监测设备，能预
报天气和调节室内温控系统；配合空调系统，既延长了屋

图 3-83　"山丘"上的天窗

图 3-84　中庭空间富有活力

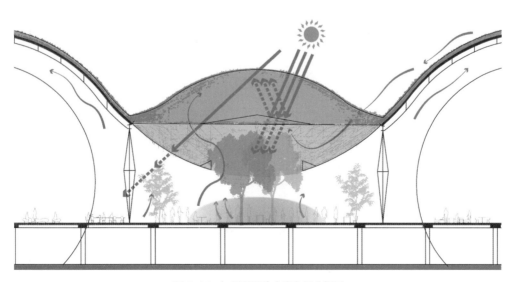

图 3-85　加州科学院中庭空间分析图

顶膜的使用寿命，又节约了水资源的使用，还减少了空气调节系统的能耗。热回收系统又可以获取并利用空调设备产生的热量。

　　加州科学馆是旧金山环境部十个试点"绿色建筑"项目之一，是可持续公共建筑设计模式的先锋。它优化了资源的使用，最大限度地减少了对环境的影响，整个设计和建造展示了人类与环境共存的生活和态度。美国绿色建筑委员会通过其 LEED（Leadership in Energy and Environmental Design）评级系统，将这个项目认证为 LEED 白金级别（图 3-86）。

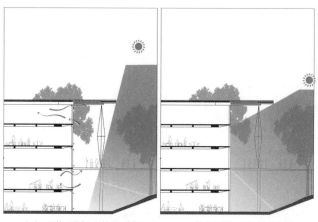

（a）7月份夏季遮阳阻挡太阳直射　　　　（b）12月份冬季太阳直射进入室内

图 3-86　不同季节建筑遮阳效果

绿色建筑遮阳系统设计

随着绿色建筑可持续发展理念的推广，遮阳系统越来越受到当代建筑师的重视，其对降低表皮能耗、增强建筑表现力，都起到十分重要的作用。与此同时，随着工艺与技术的发展，建筑师已经不再满足于静止状态的遮阳系统，转而追求它的可变性，以此来满足不同情况下的采光需求。

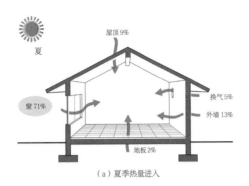

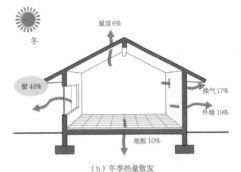

（a）夏季热量进入

（b）冬季热量散发

图 4-1　热能最容易透过窗户进出

4.1　建筑遮阳的基本原理

夏季室外温度较高，热量从室外向室内流动；冬季室内温度较高，热量从室内向室外流动。数据表明，夏季，由窗洞口进入室内的热量占总热量的 71% 左右，由外墙进入室内的热量约占 13%，由地面及其他洞口进入的热量约占 16%；冬季，由窗洞口散发出去的热量占总热量的 48% 左右，外墙散热占 19%，屋顶散热占 6%，地面及其他洞口散热占 27%。由此可见，窗户是热能流动的主要路径，通过窗户进入建筑室内的太阳辐射热量是夏季室内过热的主要原因，设置遮阳系统能有效改善室内热环境（图 4-1）。

那么，建筑设计中有哪些遮阳的方法？如何将遮阳系统与建筑一体化设计？怎样达到技术与艺术的完美结合呢？

4.1.1　建筑遮阳的概念

建筑遮阳是为了避免阳光直射入室内，防止建筑物的外围护结构被阳光过分加热，从而防止局部过热和眩光的一种措施。

当窗洞口只有单片玻璃的时候，玻璃可以阻挡 19% 的热量，也就是有 81% 的热量能够穿过玻璃进入室内；当我们在玻璃内侧增加百叶遮阳时，进入室内的热量会大大减少，只有 51% 的热量能够进入室内；如果把这个遮阳百叶移到室外，则只有 18% 的热量能够进入室内，绝大部分热量被排除在外（图 4-2）。由此可见，合理的建筑遮阳系

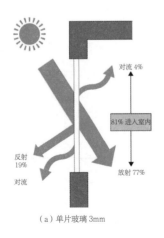

（a）单片玻璃 3mm

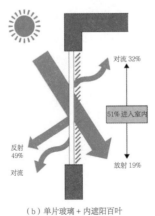

（b）单片玻璃 + 内遮阳百叶

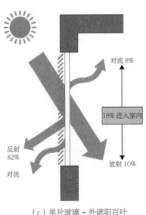

（c）单片玻璃 + 外遮阳百叶

图 4-2　遮阳百叶对室内热环境的影响

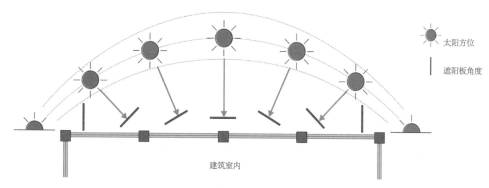

图4-3 建筑遮阳

统设计是改善夏季室内热舒适度的重要方法，是降低建筑
物能源消耗的重要方法（图4-3）。

4.1.2 建筑遮阳的目的

建筑遮阳能够起到多种作用（图4-4）。

（1）防止太阳辐射

建筑遮阳能改善室内热环境，降低太阳辐射系数
17%~35%，同时，能够降低建筑构件及围护体系自身的温
度，避免间接热传递，从而降低建筑夏季空调制冷负荷。

（2）降低室内温度

遮阳房间的室温一般比没有遮阳的约低1~2℃，可避
免夏季室内过热造成的不舒适感。

（3）有效防止眩光

遮阳措施可改善室内光环境，避免由于过强的光线带
给人眼刺激，影响正常工作与生活。

（4）阻挡不利光线

遮阳措施可防止直射阳光对人体健康产生危害，避免
紫外线等不利光线对人体皮肤及视力造成影响。

4.2 建筑遮阳的形式

建筑遮阳的形式包括垂直遮阳、水平遮阳、综合遮阳、
百叶遮阳、挡板遮阳、绿化遮阳、室内遮阳等（图4-5）。
建筑设计中，要综合考虑遮阳形式的特性、适用范围和艺
术表现力等因素，才能使遮阳构件成为建筑设计重要的切
入点，达到技术与艺术的统一。

（a）防止太阳辐射　　（b）降低室内温度

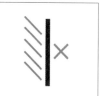

（c）有效防止眩光　　（d）阻挡不利光线

图4-4 建筑遮阳的目的

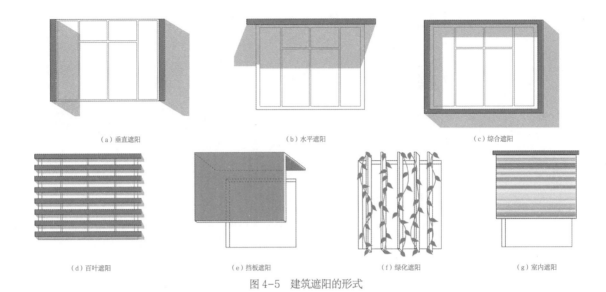

| (a) 垂直遮阳 | (b) 水平遮阳 | (c) 综合遮阳 |

| (d) 百叶遮阳 | (e) 挡板遮阳 | (f) 绿化遮阳 | (g) 室内遮阳 |

图 4-5   建筑遮阳的形式

4.2.1　垂直遮阳

垂直遮阳适用于遮挡高度角较小、从窗侧面斜射过来的阳光，不能遮挡高度角较大、从窗户上方照射下来，或日出日落时分正对窗口平射过来的阳光。常见深度为 600~1200mm，高度不小于窗口高度。因此，主要适用于北向、东北、西北方向的窗，能够表现出垂直、挺拔、直立的艺术效果（表 4-1）。

垂直遮阳 　　　　　　　　　　　　表 4-1

立面示意	构造示意	艺术表现
	A	
	a	
· 遮挡高度角较小、从窗侧面斜射过来的阳光； · 适用于北向、东北、西北方向的窗	· 常见深度 A=600~1200mm，常见高度不小于窗口高度； · 在水平方向增加数量时，可使挡板深度 a<A	· 形成垂直线条； · 表现挺拔、直立

亚利桑那州凤凰坡中央图书馆是垂直遮阳板与建筑一体化设计的经典案例。这座建筑地处美国西部沙漠地带，气候非常炎热。于是，在建筑的北立面，建筑师用钢架支撑起的一片三角帆布，纵向叠加形成一个竖向的遮阳板，多个竖向遮阳板连续起来，形成了垂直遮阳体系，达到了遮阳的目的。

在浩瀚、酷热的西部沙漠之中，由建筑的室内望向室外，这片片白帆是否让你想起蔚蓝大海上航行的帆船？是否带给你丝丝清凉？这就是建筑的魅力，这也是小小的遮阳板表现出的巨大的艺术效果……（图4-6～图4-8）。

（a）外景

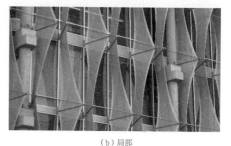

（b）局部

图4-6　亚利桑那州凤凰坡中央图书馆

4.2.2　水平遮阳

水平遮阳顾名思义就是沿水平方向设置的遮阳构件，能够有效遮挡高度角较大的阳光，主要适用于南向及接近南向的窗。合理的宽度设计能够有效遮挡夏季日光，但冬季日光不受遮挡。水平遮阳形成的都是水平线条，应用到建筑立面上时，能够给人舒展、均衡的艺术效果（表4-2）。

中国美术学院象山校区，是建筑师王澍将中国传统文化移植到现代建筑的经典作品，也许游者会赞叹建筑中丰富变

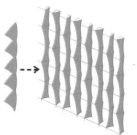

图4-7　立面三角帆布概念分析

水平遮阳　　　　　表4-2

立面示意	构造示意	艺术表现
·有效遮挡高度角较大的阳光； ·适用于南向及接近南向的窗； ·合理的宽度设计能够有效遮挡夏季日光，冬季不受遮挡	·常见深度 $A=600\sim1200mm$，距离窗口上沿 $B=500\sim900mm$； ·在垂直方向增加数量时，可使挡板深度 $a<A$	·形成水平线条； ·表现均衡、延展

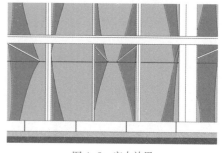

图4-8　室内效果

（a）外景

（b）连廊

图 4-9　中国美术学院象山校区

（a）游廊　　（b）屋顶　　（c）瓦片

图 4-10　中国古典园林屋顶元素

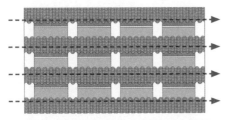

图 4-11　中国美术学院象山校区立面效果

图 4-12　中国美术学院象山校区外廊遮阳

化的自然采光，也许会为舒适宜人的室内环境所感动，也许会觉得建筑外立面这些水平线条很新奇，您可曾想到，它们正是遮阳构件与建筑一体化设计的重要体现呢？（图 4-9）

王澍截取了中国古典园林中屋顶的线性要素以及传统材料小青瓦，形成水平遮阳构件，达到了遮阳、降低能耗、营造舒适室内空间的目的。这些承载了传统文化的水平遮阳构件，既能让人体会到文化特色的延续，又使人感受到现代建筑的魅力，是技术与文化的完美结合，是大师的高明所在（图 4-10、图 4-11）。

该建筑沿庭院内侧采用外廊形式，房间单侧布置，可开合的门板，既起到空间划分的作用，又起到动态遮阳的作用。挡板遮挡阳光的同时，也将走廊划分为内廊和外廊。当挡板打开时，内外廊界限消失，该空间则变成可供师生交流的公共空间（图 4-12）。

4.2.3　综合遮阳

综合遮阳由水平遮阳和垂直遮阳组合而成，既可以遮挡来自窗口上方的光线，也可以遮挡侧面的光线。综合板式中的遮阳板设计一般多考虑造型的要求，对遮阳板的尺寸限制较少，遮阳板除了垂直于墙面设置之外，也可斜置在外墙面上。现代主义早期建筑常见的遮阳构架和花格窗都是典型的综合式遮阳措施，能够形成非常明显的阴影与洞口关系，加强建筑立面的体量感（表 4-3）。

综合遮阳　　　　　　　　　　　表 4-3

立面示意	构造示意	艺术表现
·遮挡中等太阳高度角的光； ·适用于东南、西南方向的窗	·垂直遮阳与水平遮阳结合； ·遮阳效果均匀	·形成格构元素

印度昌迪加尔法院是建筑大师勒·柯布西耶的作品。勒·柯布西耶设计这座建筑的主要出发点是不依赖机械的空气调节，而利用建筑本身的特点来应对当地烈日和多雨的气候条件。法院建筑的正立面上满布着大尺度的垂直和水平的混凝土遮阳板，做成类似中国的博古架形式。整个建筑的外表都是裸露的混凝土，上面保留着浇捣时模板的印痕。所有构件的尺寸都特别巨大，使人感到十分粗犷。这种巨大尺度的建筑构件、粗壮的入口柱廊、对比色块的处理、粗糙的混凝土饰面、大胆的抽象图案设计所形成的特殊建筑风格，使这座建筑刚刚建成，就像是一位经历多年风雨又充满智慧的老者……（图 4-13 ~ 图 4-15）。

图 4-13 印度昌迪加尔法院

宜昌新区规划展馆（方案），设计灵感来源于该地区是中国养蚕制丝的发源地。建筑师王弄极设计了"蚕茧"作为建筑的形态意象。为了突出蚕茧缠绕的表皮形态，采用 8 层白色铝合金管状构造叠加而成。一方面，这种表皮处理方式使建筑形态丰富、光影错落；另一方面，通过建造并搭建 1 : 1 表皮模型，在自然环境下对关键部位的温度、采光、通风数据进行实时记录，以此来调整"蚕丝"的疏密程度，减小不利通风，增加有效遮阳，从而优化表皮条状构件分布对节能的作用（图 4-16、图 4-17）。

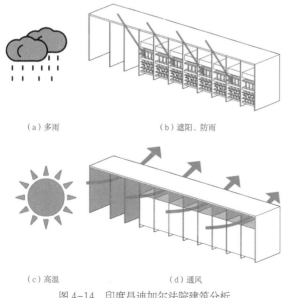

（a）多雨 　　　　（b）遮阳、防雨

（c）高温 　　　　（d）通风

图 4-14 印度昌迪加尔法院建筑分析

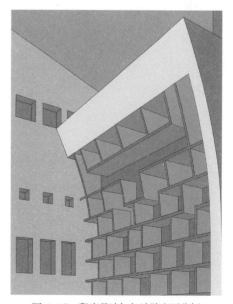

图 4-15 印度昌迪加尔法院立面分析

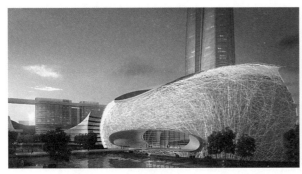

（a）宜昌新区规划馆效果图　　　　　　　　　　　　　（b）局部

图 4-16　宜昌新区规划馆（方案）

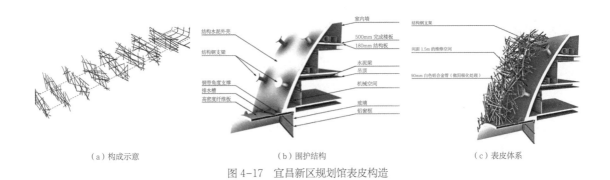

（a）构成示意　　　　　　　　（b）围护结构　　　　　　　　（c）表皮体系

图 4-17　宜昌新区规划馆表皮构造

4.2.4　挡板遮阳

水平、垂直、综合遮阳都无法遮挡正对窗口的光线。挡板遮阳恰恰可以解决这个问题。挡板遮阳能够遮挡太阳高度角较低、正射窗口的阳光，主要适用于东南方向的窗。它的不足之处就是对采光通风有比较严重的阻挡。将挡板跟窗洞口结合，可以在建筑立面上呈现出点状要素的艺术效果，使整个遮阳体系形成鲜明的建筑特色（表 4-4）。

欧洲之星书籍酒店位于慕尼黑，酒店有文学主题，不同楼层设计不同文学类型，不同房间对应不同的著名人物。建筑师设计了一个包含自然遮阳的三维立面，用最简单、最可持续的方式给建筑降温。玻璃纤维增强混凝土弯曲面板，似乎是从大楼墙面一点点被剥离，为一排排窗户提供遮阳。这些遮阳板就像翻转的页面，像打开的书籍，既暗示了内部的房间主题，又起到非常好的

挡板遮阳　　　　　　　　　　　表 4-4

立面示意	构造示意	艺术表现
·遮挡太阳高度角较低、正射窗口的阳光； ·适用于东南方向的窗	·对采光、通风容易造成阻挡	·形成点式元素

图 4-18　欧洲之星书籍酒店

遮阳效果（图 4-18、图 4-19）。

　　瑞士诺华制药公司位于瑞士巴塞尔，毗邻莱茵河谷。此地气候非常温和，阳光灿烂，日照充足，年平均温度为 9.4℃，舒适宜人，被称为中欧"天气最好"的城市。建筑师也采用了挡板遮阳的方式，不同于上一个案例，建筑师充分考虑了挡板遮阳对于建筑室内通风、视线的干扰，采用彩色玻璃材料。玻璃仿佛如彩色衣裙般环绕着大楼，其颜色随光线入射角和视角的不同而逐渐变化，使整个建筑具有了丰富的表情（图 4-20、图 4-21）。

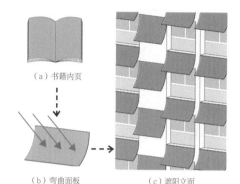

（a）书籍内页
（b）弯曲面板　（c）遮阳立面
图 4-19　欧洲之星书籍酒店立面分析

4.2.5　百叶遮阳

　　百叶遮阳的原理可以归纳到前四种遮阳中，规律、简单，具有天然的韵律感，受到当代建筑师的喜爱（图 4-22）。

4.2.6　绿化遮阳

　　绿化遮阳不同于建筑构件遮阳之处除了形式上，还在于它的能量流向。绿植通过光合作用将太阳能转化为生物能，植物叶片本身的温度并未显著升高。而遮阳构件在吸收太阳能后温度会显著升高，其中一部分热量还会通过各种方式向室内传递（图 4-23）。

　　大自然给我们提供了天然的遮阳手段，树木或攀缘植物可以用来遮挡阳光，形成阴影，改造后的建筑显得生机勃勃（图 4-24）。

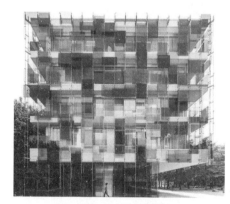

图 4-20　瑞士诺华制药公司

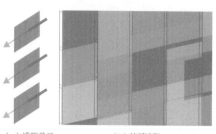

（a）透明单元　　（b）挡板遮阳
图 4-21　瑞士诺华制药公司立面分析

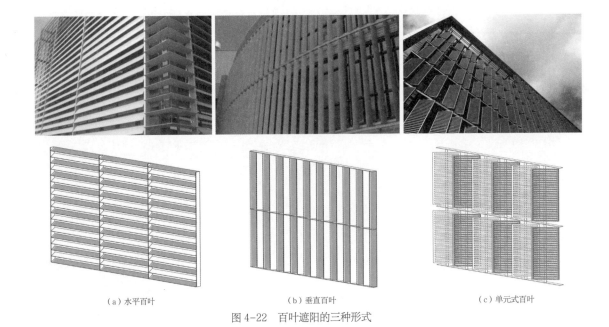

(a) 水平百叶　　　　　　　　　　(b) 垂直百叶　　　　　　　　　(c) 单元式百叶

图 4-22　百叶遮阳的三种形式

4.2.7　内遮阳

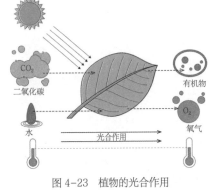

图 4-23　植物的光合作用

前面讲到的都是外遮阳，事实上，我们房间内部的窗帘、百叶等都能够起到遮阳的作用，我们也称之为内遮阳。内遮阳最大的优点在于安装、使用、维护都很方便（图 4-25、图 4-26）。

随着绿色建筑可持续发展理念的推广，遮阳系统越来越受到当代建筑师的重视，其对降低表皮能耗、增强建筑表现力，都起到十分重要的作用。尊重自然，利用自然，将技术和艺术完美统一地呈现在建筑当中，是遮阳构件与建筑一体化设计最重要的意义。

(a) 早期　　　　　　　　　　　(b) 中期　　　　　　　　　　　(c) 后期

图 4-24　建筑外立面绿化遮阳

图 4-25　室内遮阳

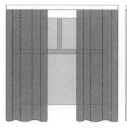

（a）内遮阳窗帘　　　　（b）内遮阳百叶

图 4-26　内遮阳

4.3　遮阳百叶的形态表达

百叶窗起源于中国的战国时期，近代百叶窗是由美国人约翰·汉普逊发明，1841 年取得发明专利。遮阳百叶规律、简约、直白，肌理多为平行线条，具有天然的韵律感。其简约的风格受到现代建筑师的喜爱。

4.3.1　百叶与地域文化结合——Kaap Skil 海洋博物馆

Kaap Skil 海洋博物馆（荷兰，2011）设计有四个连接巧妙的山形屋顶，与周围屋顶形成的建筑节奏相映成趣，从海上看，就像高出堤坝的波浪。"大海会带走一切，也会带来一切"，这是特克塞尔妇孺皆知的谚语。几百年来，他们有幸能够用取自搁浅船只或船只残骸的浮木建造房屋和谷仓。海洋博物馆的木制外立面就是这一回收利用传统的最好实例。垂直的木条是来自北荷兰运河的硬木锯成的薄板，在这里被赋予了新的生命，就像博物馆里的收藏品一样。

坐在博物馆咖啡厅里的游客可以透过木板前面的玻璃幕墙看到博物馆的露台和荷兰北部享有盛名的蓝色天空。在建筑物里面，阳光透过这些木板照进来，形成了一个光线与阴影构成的线性图案，光线与阴影创造了一个和谐的氛围。在高高的山形屋顶下，游客可以随意参观数目可观的收藏品。在游览博物馆各处时，还可以远眺奥德斯希尔德小村庄（图 4-27、图 4-28）。

（a）外景

（b）内景

图 4-27　Kaap Skil 海洋博物馆

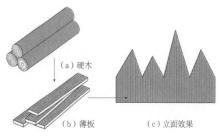

（a）硬木

（b）薄板　　　　（c）立面效果

图 4-28　海洋博物馆设计理念

（a）外景

（b）内景

图 4-29 祖芬的 "P + R" 停车场

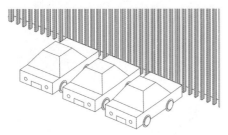

图 4-30 停车场内部效果

（a）外景

（b）内景

图 4-31 2012 世界园艺博览会西班牙馆

4.3.2 百叶与适宜空间结合——祖芬的 "P + R" 停车场

祖芬建造了一个新型的公园兼停车场（荷兰，2017）。该建筑毗邻努德海文区的乡镇火车站，拥有 375 个停车位，以及可供 600 多辆自行车停放的设施，这种混合设计满足了祖芬站附近日益增长的停车设施需求。

设计参考了以前的仓库和传统行业，表面铺满了木板条。由于停车场表面的开放性质，建筑物保证充足的自然光线和自然通风。板条被安装在各个角度，而较长的外墙也装有红钢条，共同创造了一个动态而俏皮的表面。在晚上，打开板条上垂直的 LED 灯，用来照明整个建筑物。建筑师采用的百叶式表皮的处理方法，创造了亦室内亦室外的围合空间，非常契合这幢建筑"亦公园亦停车场"的功能需求（图 4-29、图 4-30）。

4.3.3 百叶与绿色理念结合——2012 世界园艺博览会西班牙馆

世博园艺博览会西班牙馆（荷兰，2012）的设计方法源自于一个概念——自然多样化，表达了建筑材料再生"从摇篮到摇篮"的理念。设计的空间也隐含着循环性和连续性。

展馆入口处有一个带长椅的小广场，游人可以在此放松身心，孩子们可以玩耍。建筑凉亭和露台占地 560m^2，几乎占据了整个场地。建筑材料大多是用环保材料制成的，例如用来运输水果和蔬菜的旧箱子，用来制作百叶，形成彩色建筑表皮。建筑从内部向外看过去，光影丰富，色彩也非常动人（图 4-31、图 4-32）。

4.3.4 百叶与建筑改造结合——Louver Haus 住宅

Louver Haus 住宅（韩国，2012）是用于租赁的多住户大楼，位于高密度住宅区内。

建筑由 7 户人家组成，6 户朝南，1 户朝北。可俯瞰北面的户型被设计成复式的开放式类型。整个建筑的外饰面采用外部隔热墙基法完成，相邻道路的墙壁是红杉水平百叶窗。百叶窗的窗户可以打开和关闭。这样，实现节能效果、阳光控制和隐私保护是可能的。而且，该方式使用百叶窗口创建多个立面的变化。垂直线的扶手和天窗混杂，为现场设置了特殊的氛围（图4-33）。

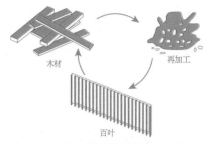

图4-32　世界园艺博览会西班牙馆设计理念

4.3.5　百叶与设计概念结合——发型设计店

图4-34是一个旧建筑改造的项目（奥地利，2008）。建筑师将原有传统建筑的底部改造成了一个发型设计店的入口。为了突出美发店的功能特色，建筑师利用百叶的竖向线条来模仿发丝的感觉。

用参数化设计形成的曲线来模仿头发被风吹起飘动的状态，让人从外部就能够感受到这个建筑的功能。我想，此时此刻，百叶的功能属性已经很小了，相反，更多地展现出来的是它的艺术表达效果。

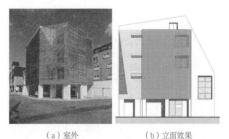

（a）室外　　　（b）立面效果

图4-33　Louver Haus 住宅

4.3.6　百叶与空间功能结合——睡魔祭博物馆

日本睡魔祭博物馆（日本，2011）位于青森火车站附近，面朝大海。睡魔祭是日本东北四大祭典中最具代表性的节日。烈日当空的夏日，刺目的阳光炙烤得人们睁不开眼睛，昏昏欲睡，提不起斗志，消减了动力。所以具有强大民族意志力的日本人为了驱赶睡魔、振奋精神而发明了祭典。

博物馆有一个颇具特色的外壳，是用成千上万根12m高的钢条排列组合成的幕墙。这个钢条编织成的外壳包裹了整座建筑和一条户外的步道。其实它是颇具含义的，设计者想用这层外壳来意喻在睡魔世界与现代城市之间的一道坚实的门槛。每一根钢条通过扭转、弯曲加工，然后进行组合排列，呈现出十分妙曼的建筑外形。建筑表皮的每条钢条都稍有弯曲，以为灯光、景色和通道提供适当开口，而多处又仿佛帘子被掀开，让人们有窥探里面的冲动（图4-35）。

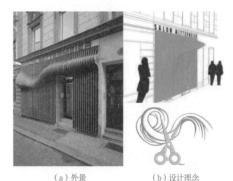

（a）外景　　　（b）设计理念

图4-34　发型设计店

4.4　经典案例解析：可控构件的动态遮阳

随着工艺与技术的发展，建筑师已经不再满足于静止状态的遮阳系统，转而追求它的可变性，以此来满足不同

（a）外层

（b）入口　　　（c）设计理念

图4-35　睡魔祭博物馆

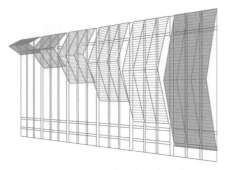

图 4-36　可变的遮阳体系

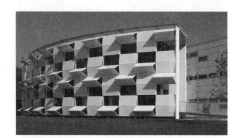

图 4-37　基弗技术展厅外景

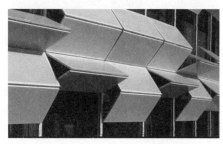

图 4-38　基弗技术展厅局部立面

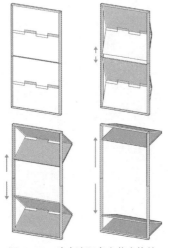

图 4-39　动态遮阳表皮节点构件

情况下、不同的采光需求。

　　通过遮阳构件的变化，一方面，可以根据室内空间的采光需求而改变遮阳状态；另一方面，遮阳构件的变化可以映射出建筑内部空间的使用需求。因此，可控构造对建筑表皮起到非常重要的作用。一般情况下，操控件由一个或多个部分组成，而且每个部分又可以被再次细分为两个或多个组成部分。这种划分与活动方式相结合，能够产生多种不同的情况，使开窗区域也产生不同的特性（图 4-36）。

　　动态遮阳主要能够起到三方面作用：通过可控构件的变化改变表皮形态；通过可控构件的变化改变采光需求；通过可控构件的变化改变表皮色彩。

4.4.1　通过可控构件的变化改变表皮形态——奥地利基弗技术展厅

　　建筑师恩斯特·基塞布莱切特设计的奥地利基弗技术展厅，实现了动态外立面的愿景。新的展厅作为施蒂里亚州巴特格莱兴贝格的基弗金属建筑公司生产车间的扩充，建筑为两层且平面形状自由，部分两层通高的底层为产品的开放展示提供了充足的空间，其中只有少量细柱作为支撑（图 4-37、图 4-38）。

　　展厅南侧的弧形墙面由 112 块铝板和 56 个电机组成。铝板由电动控制，折叠遮阳。遮阳板与墙面间隙约600mm，通过钢构件相连。遮阳板可以根据需要进行不同角度的折叠。银灰色的铝板与深蓝色的玻璃形成强烈的虚实对比。当遮阳板完全关闭的时候，建筑拥有一个完整的白色金属表皮；当遮阳板完全打开时，建筑则拥有带有水平遮阳板的深色玻璃幕表皮。遮阳板从完全打开到完全封闭全部过程只需要 30 秒。除了封闭和开敞的状态，操控件也有中间状态。遮阳板的变化可以在表皮形成各种各样的韵律或图示表达，既能形成以实为主的金属表皮，又能形成以虚为主的玻璃表皮，还能够形成虚实相间的开窗形式。建筑表皮每天、每小时都展现出一张全新的"面孔"，建筑成为一个动态的雕塑品（图 4-39~图 4-42）。

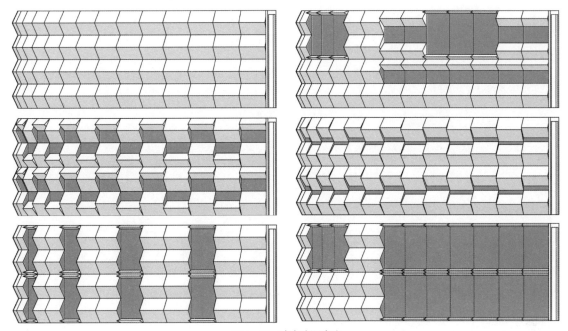

图 4-40　动态遮阳表皮

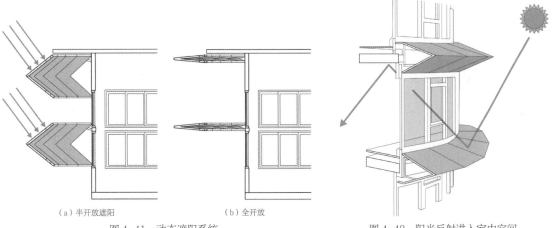

（a）半开放遮阳　　　　（b）全开放

图 4-41　动态遮阳系统

图 4-42　阳光反射进入室内空间

　　该项目的折叠式遮阳表皮，精彩地展现出优雅的技术创新带来的崭新建筑美学。在复合表皮已经成为当代建筑设计常用方法的情况下，新技术带给我们的惊喜依然可以持续期待。精致的遮阳单元的单体控制与整体性协调，既可以呈现出符合经典现代主义的形式美学，也可变幻出后现代文化的价值趣味。因此可以说，这是一个娴熟地表达了环境关系、空间机能及技术美学的表皮。

图 4-43　阿拉伯中心

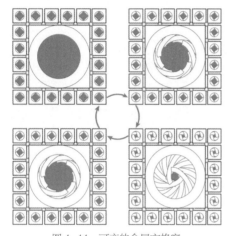

图 4-44　可变的金属方格窗

4.4.2　通过可控构件的变化改变采光需求——阿拉伯中心

15 世纪后期，百叶窗逐渐被用作玻璃窗的辅助设备，成为光线的可调节设备。近年来，窗户的活动机械装置类型变得越来越丰富。

阿拉伯中心位于法国巴黎塞纳河畔，立面上有上百个完全一样的金属方格窗——被称为照相感光的窗格，孔径随外界的光线强弱而变化，像光圈一样调节采光遮阳窗。设计灵感源自于阿拉伯文化，是对精巧、神秘、蕴含宗教氛围的东方文化的赞美。建筑师对清真寺建筑的雕刻窗很感兴趣，光透过这种窗户洒在地上形成了几何形的、精确的、波动旋转的深浅阴影。

这种东方美学启示建筑师采用了一种如同照相机光圈般的几何孔洞，在建筑的南立面排列了上百个这样的以大光圈为中心、数个小光圈围绕的窗格结构，经过精密的设计，每个单元都可以根据天气自由控制进入室内的日光射入量，排列非常规整和对位，使每个单元的构造都达到了一种夸张的精致程度。这样建筑的内外充满了变化多端的光影效果和宗教气息（图 4-43、图 4-44）。

由建筑师黑川纪章设计的 Nakagin 大厦，和阿拉伯中心有异曲同工之妙。这座大楼采用风扇式遮光窗来控制视野，通过塑纸的展开或折叠，形成窗子的打开或关闭。既控制光线的射入，又对视野有一定的遮挡。

4.4.3　通过可控构件的变化改变表皮色彩——德国 GSW 大厦

色彩在建筑上可以起到突出形体、烘托功能、渲染气氛等作用。当遮阳卷帘、百叶等构造具有不同色彩时，对这些可控构造的操作，可以使色彩变得灵活动态。在这些构件的变化过程中，不仅完成了对建筑室内环境的控制，而且色彩的动态组合使建筑表皮具有可变的艺术效果。

德国柏林的 GSW 大厦是建筑师布鲁赫·哈腾的作品（图 4-45），建筑东侧采用双层玻璃幕墙，外层采用全

图 4-45　德国柏林的 GSW 大厦

部固定的 8mm 厚钢化透明玻璃，内层采用中空玻璃，有
开启扇。内外层之间有 900mm 间距，设置了 600mm×
2900mm 的悬挂折叠穿孔铝板。铝板被涂有红色、橙色、
粉红色、黄色等鲜艳的色彩，色彩统一又有变化。根据日
照强度的不同以及室内光线要求的不同，通过折叠板的开
启与闭合，不仅控制了阳光的入射，其突出的色彩与造型
还突显着建筑的存在，帘布的开启和关闭状态使建筑立面
更加丰富多彩（图 4-46、图 4-47）。

　　随着表皮处理手段的丰富，动态构造应用是今后建
筑表皮技术发展的主要方向之一。表皮外部的图示变化、
建筑采光的需求变化、色彩组合的变化常常是同时发生。
由于这些体系与整个建筑的能源平衡相互作用，所以对
建筑师来说，动态遮阳系统的发展具有迫切且深远的
意义。

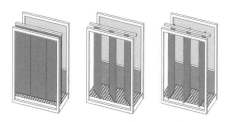

图 4-46　可变折叠板

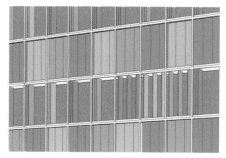

图 4-47　立面效果

绿色建筑热环境优化设计

在建筑策划时即应该考虑自然环境热条件对建筑功能、使用方式的影响程度和影响方式，依据其影响决策热环境优化策略的权重和目标重点。热环境优化通常并不是通过单一手段就能实现的，还可以用遮阳、通风等方法，同时结合热、光、风环境方面的综合设计策略相互优化。

5.1 太阳能利用的基本原理

5.1.1 太阳能资源

（1）太阳能

太阳能是太阳内部连续不断的核聚变反应过程产生的能量，尽管太阳辐射到地球大气层外界的能量仅为其总辐射能量的 22 亿分之一，但其辐射量已经非常高，每秒钟投射到地球上的能量相当 5.9×10^6t 煤。地球上的风能、水能、海洋温差能、波浪能、生物质能及部分潮汐能都来源于太阳，地球上的化石能源（煤、石油、天然气等）实质上也是远古以来贮存下来的太阳能（图 5-1）。

太阳光透过大气层直接辐射到地面的称为直接辐射，被大气层吸收后再辐射到地面的称为散射辐射。二者之和称为总辐射。

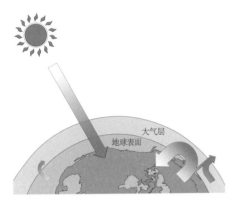

图 5-1 太阳能装置

（2）太阳能资源利用

人类利用太阳能已经 3000 多年，自 1615 年法国工程师所罗门·德·考克斯发明第一台太阳能发动机开始，将太阳能作为一种能源和动力加以利用至今已有 400 余年历史（图 5-2、图 5-3）。太阳能资源具有非常大的优势：

第一，太阳能储量巨大。它是人类可以利用的最丰富的能源，可供人类使用几十亿年。

第二，太阳能无地域限制，地球表面任意地方都可以利用。它不需要运输，尤其是交通不发达的农村、海岛、边远城市，更具有利用价值。

第三，太阳能是一种洁净能源。它不会排放废弃物，不会影响生态平衡，不会造成污染和公害。

图 5-2 太阳能装置

5.1.2 我国太阳能资源的分布

我国地处北半球欧亚大陆的东部，主要处于温带和亚热带，具有比较丰富的太阳能资源。按照接受太阳能辐射量的多少，全国大致可分为 5 类地区：太阳能资源最丰富地区、较丰富地区、中等地区、较差地区、最差地区（表 5-1）。

图 5-3 太阳能装置

我国太阳能资源的分布　　　　　　　　　　　　表 5-1

地区类型	年日照时数（h/a）	年辐射总量（MJ/m²·a）	等量热量所需标准燃煤（kg）	包括的主要地区	备注
一类	3200~3300	6680~8400	225~285	宁夏北部、甘肃北部、新疆东部、青海西部、西藏西部等地区	太阳能资源最丰富地区
二类	3000~3200	5852~6680	220~225	河北西北部、山西北部、内蒙古南部、宁夏南部、甘肃中部、青海东部、西藏东南部、新疆南部等地区	太阳能资源较丰富地区
三类	2200~3000	5016~5852	170~200	山东、河南、河北东南部、山西南部、新疆北部、吉林、辽宁、云南、甘肃东南部、广东南部等地区	太阳能资源中等地区
四类	1400~2000	4180~5016	140~170	湖南，广西，江西，浙江，湖北，福建北部，广东北部，陕西南部，安徽南部等地区	太阳能资源较差地区
五类	1000~1400	3344~4180	115~140	四川大部分地区，贵州	太阳能资源最差地区

5.1.3　建筑太阳能资源的综合利用

太阳能的综合利用主要有两种方式：被动式和主动式。本章以介绍被动式太阳能建筑的设计方法和技术为主。被动式太阳能技术主要有两种方形式：一是将太阳光直接引入建筑内部加以利用，二是将太阳能转化为热能，从而达到采暖的目的。主动式太阳能技术包括太阳能直接利用、太阳能转化为电能、太阳能转化为热能、太阳能转化为化学能等（图 5-4）。

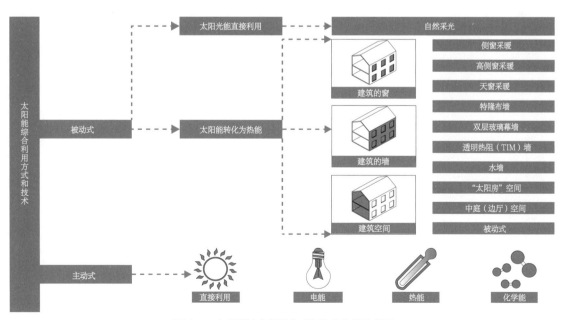

图 5-4　太阳能综合利用方式和技术体系示意图

5.2　被动式太阳能建筑设计

5.2.1　建筑窗体优化设计

被动式太阳能建筑的直接得热系统，可以将太阳光通过侧窗、高侧窗、天窗等洞口直接引入建筑内部进行采暖。当能量采集和首期投资成为主要矛盾时，所有的被动式系统中，直接获取热量的方式是最有效的。

对于被动式太阳能建筑，保温材料也起到很重要的作用。如图 5-5（a），曲线"A"是寒冷冬季晴天室外温度的曲线，曲线"B"表示在采用低性能保温材料的情况下室内的温度。可以看出，白天与夜间室内温度有很大的变化幅度，在中午室内温度将远远高于舒适温度，但在晚上则低于舒适温度。扩大南向窗户的面积不仅会使温度升高，而且会加大温度的变化幅度。在图 5-5（b）中，曲线"C"所表示的室内温度几乎都位于舒适温度的范围内，保温材料的使用降低了温度变化的幅度，以至于在下午时不会过热、夜晚不会过冷。因此，设计者的目的就是要找到南向开窗的面积与保温材料间的平衡点，以使室内温度在舒适温度的范围内波动。

（1）侧窗采暖

侧窗采暖是最常见的方法。通过对侧窗朝向和侧窗面积的控制，能够调节室内热环境。与保温材料结合，白天有效采集和捕获太阳辐射，保温材料储存热量以备夜晚使用（图 5-6）。

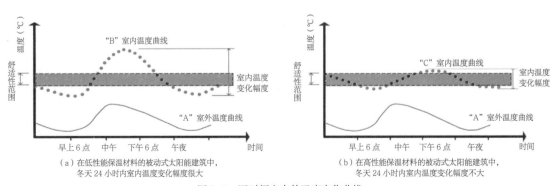

（a）在低性能保温材料的被动式太阳能建筑中，
冬天 24 小时内室内温度变化幅度很大

（b）在高性能保温材料的被动式太阳能建筑中，
冬天 24 小时内室内温度变化幅度不大

图 5-5　同时间室内外温度变化曲线

（2）高侧窗采暖

虽然太阳得热通过对流也能传达到建筑的背阴部分的房间，但通过开设南向的高侧窗，为室内或北侧房间直接获取太阳能的效果更好（图5-7）。

（3）天窗采暖

天窗虽然不如高侧窗好，但是如果结合可动反射板，情况就不一样了，同一反射板将其移至对面，在夏天还可以起到遮阳的作用。

建筑遮阳系统也能够为侧窗、高侧窗、天窗等直接的太阳能利用起到良好的调节作用（图5-8、图5-9）。

5.2.2　建筑墙体优化设计

（1）双层玻璃幕墙

双层玻璃幕墙（Double-skin Facade）被认为是建筑"会呼吸"的皮肤。它的保温隔热效果非常好，是优化的墙体构造。由于在前文2.4已经做了具体介绍，此处不再赘述（图5-10）。

（2）特隆布墙

特隆布墙（Trombe Wall）也称特隆布—米歇尔墙，是一种由玻璃和蓄热墙体通过一定的构造方式组成的被动式利用太阳能为建筑室内空间供暖并实现自然通风的节能复合墙体，用于主要日照朝向。它由外层、空气间层、内层组成，除此之外还会在内外幕墙设置通风口，在外侧设遮阳设施，在空气间层设遮阳板或反射帘幕（图5-11）。

其作用原理如图5-12所示。冬季，太阳辐射加热空气间层的气体，气体温度上升，通过上部洞口进入到室内，跟室内的较低温度空气混合后下降，从下部换气口溢出，往复形成循环。夜间将换气口全部封闭，不仅提升了整个围护体系的蓄热系数，蓄热墙体还可以持续向室内释放热量，降低夜间采暖能耗。夏季，将蓄热墙体的换气口完全封闭，以避免夏季室外的热空气流入室内，开启外部遮阳板和间层的反射帘幕，增加遮阳效果，玻璃幕墙的通风口打开，使外部空气与空气间层形成循环，从而带走围护体系多余的热量。夜间，室外温度降低，可以将建筑的侧窗打开，利用风压通风，从而实现为室内换气的目的。

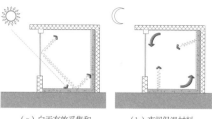

（a）白天有效采集和　　（b）夜间保温材料
　　捕获太阳辐射　　　　　辐射散热

图5-6　侧窗采暖原理图

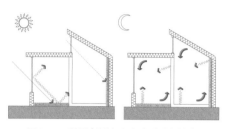

图5-7　利用高侧窗为室内或北侧房间
引进直接的太阳辐射

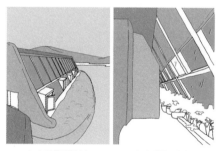

（a）建筑顶部天窗　　　（b）建筑天窗内部

图5-8　太阳光直接利用

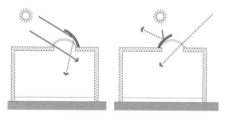

图5-9　天窗采暖原理图

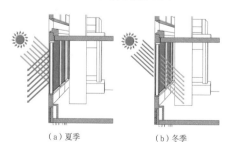

（a）夏季　　　　　　（b）冬季

图5-10　双层玻璃幕墙原理图

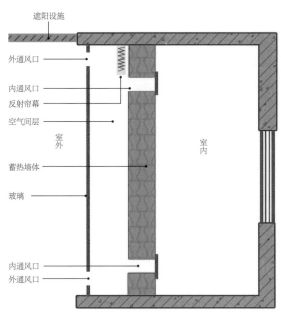

图 5-11　特隆布墙采暖原理图

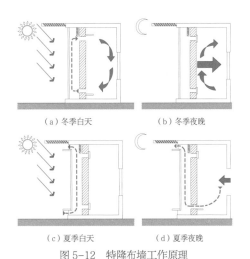

（a）冬季白天　　　（b）冬季夜晚

（c）夏季白天　　　（d）夏季夜晚

图 5-12　特隆布墙工作原理

图 5-13　特隆布墙建筑外观

由于这种墙体具有非常好的可调节性，能够节约能源，创造舒适的使用空间，因此在越来越多的建筑当中加以利用（图 5-13）。

（3）透明热阻材料墙

透明热组材料（Transparent Insulation Material）墙，也称 TIM 墙。透明热阻材料墙体与特隆布墙和双层玻璃幕墙的构造形式和运行机理相似，都是被动式利用太阳能的复合墙体。只是该墙体系统的内外构造层之间采用的是透明热阻材料。

TIM 墙主体为玻璃，中间填充层是毛细管状的透明有机材料，内层是表面涂成黑色的砖墙、石墙、混凝土墙等蓄热墙体，透明热阻（TIM）与内外构造层之间留有空气间层，与外层玻璃之间安有遮阳设施（图 5-14、图 5-15）。TIM 最大的特点有两点：第一，它是透明的材料；第二，它具有较大的蓄热系数。它的不足之处在于造价很高。

（4）水墙

水墙（Water Wall）的介质水，是在我们日常生活当中非常廉价且蓄热系数较大的透明材料。水与其他保温材料最大的差异在于它是液体，具有流动性。在朝向阳光的外墙外侧（或内侧）附设的水管中，或埋设在墙体中的导管（一般多用玻璃纤维管）内注水，构成水墙（图 5-16）。

　　蓄热性能好是水墙最主要的特性。夏季，降低气流温度，产生热水；冬季，白天吸热，夜晚放热。由于水在零度以下容易结冰，发生冻胀反应，所以水墙的使用，还是有地域限制的。

（5）蓄水屋面

　　设计隔热性能好又节能的蓄水屋面（Impounded Roof），需要对它的传热特性进行动态分析和计算，以确定蓄水的深度。一般情况下，蓄水高度在 300~600mm。为了使屋面上能保持一定的水量，须定时加水，加水量等于水层平均日蒸发量，或者在屋面上安装自动补水装置，避免因蓄水层干涸而影响隔热效果。

　　蓄水屋面一般是在混凝土刚性防水层上蓄水，既可利用水层隔热降温，又改善了混凝土的使用条件，避免了直接暴晒和冰雪雨水引起的急剧伸缩，长期浸泡在水中有利于混凝土后期强度的增长；又由于混凝土有的成分在水中继续水化会产生湿涨，因而水中的混凝土应有更好的防渗水性能（图 5-17、图 5-18）。

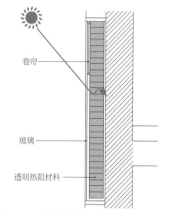

图 5-14　透明热阻材料墙体构造示意图

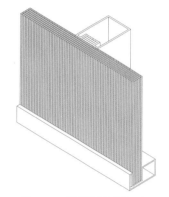

图 5-15　透明热阻材料示意

（a）以"管"为容器垂直放置　　　　（b）以"桶"为容器水平放置　　　　（c）以"墙"为容器整体注水

图 5-16　水墙构造示意图

图 5-17　建筑蓄水屋面

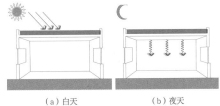

（a）白天　　　　　（b）夜天

图 5-18　蓄水屋面原理图

5.2.3　建筑空间优化设计

（1）阳光房

阳光房主要分为以下三类：直接型供热太阳能房，太阳房与室内某个功能房间贯通；间接型供热太阳能房，在太阳房与室内空间之间设置蓄热墙体；虹吸型供热太阳能房，与特隆布墙原理相近（图 5-19）。

阳光房的玻璃窗倾斜角度不同，采光效率也不同。阳光房与建筑主体能够形成附属、镶嵌、包围的关系。这些要素都需要综合考虑建筑空间及形态的需求，视情况而定（图 5-20、图 5-21）。

（2）生态舱

生态舱是把太阳房和庭院组合，形成的一种空间形态，既具有阳光房的优点，又由于植被的存在，调节微气候环境，因此能够创造更加舒适、宜人、自然的室内空间环境（图 5-22、图 5-23）。

（a）直接型，半直接型　　　　（b）间接型　　　　（c）热虹吸型

图 5-19　阳光房空间主要类型

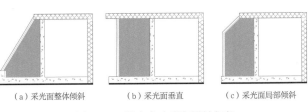

（a）采光面整体倾斜　　　（b）采光面垂直　　　（c）采光面局部倾斜

图 5-20　阳光房玻璃窗倾斜角度

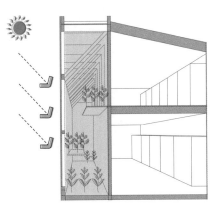

图 5-22　生态舱原理图

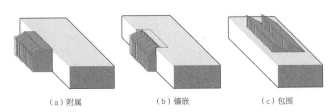

（a）附属　　　　　（b）镶嵌　　　　　（c）包围

图 5-21　阳光房与建筑主体的关系

5.3 主动式太阳能建筑设计

太阳能转化为其他形式的能主要有热能、电能、氢能和生物质能。其中太阳能转化为热能占50%，太阳能转化为电能占30%，太阳能转化为氢能和生物质能各占10%（图5-24）。

5.3.1 太阳能转换为热能

太阳能转换为热能，是目前太阳能利用技术中效率最高、技术上最成熟、经济效益最好的一种。常见的太阳能热水器，就是将太阳能转化为热能的最典型的工作设备（图5-25、图5-26）。

太阳能转化为热能的装置越来越多地走进人们的生活，除了太阳能热水器之外，还有太阳能温水泳池、太阳能干燥大棚、太阳能厨具等（图5-27）。

5.3.2 太阳能转换为电能

太阳能转换为电能，在1970年代以前，由于太阳电池效率低，售价昂贵，主要应用在特殊空间。1970年代以后，对太阳电池材料、结构和工艺进行了广泛研究，在提高效率和降低成本方面取得较大进展。图5-28是太阳能转换为电能的基本原理和路径。通过光电转换单元集成的模块形成太阳能板，即光伏发电板，将产生的电流引入到用电设备当中加以使用，从而将太阳能转化成电能。

（a）外景

（b）内景

图 5-23 弗莱堡光电板厂接待中心生态舱

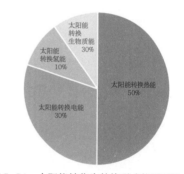

图 5-24 太阳能转化为其他形式能源利用占比

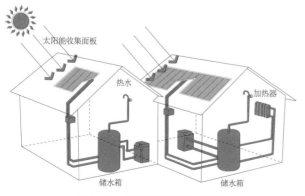

图 5-26 太阳能转化为热能原理

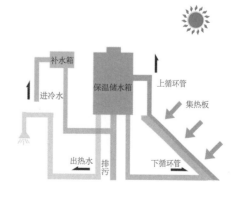

图 5-25 太阳能热水器工作原理

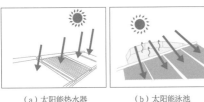

（a）太阳能热水器　　（b）太阳能泳池

（c）太阳能干燥　　（d）太阳能厨具

图 5-27　太阳能转化为热能主要形式

（a）太阳能光伏发电　　（b）太阳能汽车

（c）自行车　　（d）太阳能电池

图 5-29　太阳能转化为电能主要形式

图 5-30　微藻光生物反应发生器

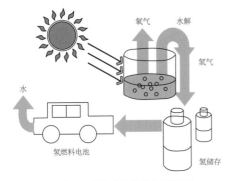

图 5-31　太阳能转化为氢能原理

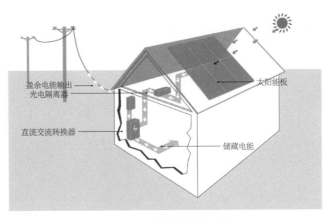

图 5-28　太阳能转化为电能

太阳能转化为电能的技术也越来越广泛，比如太阳能光伏发电、太阳能汽车、太阳能自行车、太阳能电池等（图 5-29）。

5.3.3　太阳能转换为氢能

利用太阳能生产氢气的系统，有光分解制氢、太阳能发电和电解水组合制氢系统。太阳能制氢是近几十年才发展起来的。到目前为止，对太阳能制氢的研究主要集中在如下几种技术：热化学法制氢、光电化学分解法制氢、光催化法制氢、人工光合作用制氢和生物制氢（图 5-30、图 5-31）。

太阳能转换为氢能，可以通过大规模制氢厂、太阳能灶制氢、太阳能制氧装置等（图 5-32）。

5.3.4　太阳能转换为生物质能

太阳能还可以转化成生物质能。通过植物的光合作用，太阳能把二氧化碳和水合成有机物（生物质能）并释放出氧气。光合作用是地球上最大规模转换太阳能的过程（图 5-33）。

太阳能转换为生物质能可以用于光合作用测定仪、光合作用灯，以及微藻生物反应器等（图 5-34）。

5.3.5　太阳能光伏技术建筑一体化

太阳能光伏发电板的技术越来越成熟，出现大量创新产品，突破了单晶硅"太阳旗"组件。物理原因限制了太阳电池组件的色彩范围，晶体硅电池通常是蓝色的。改变减反射层能够产生新的颜色，虽然稍微降低了电池效率，却产生了更多的色彩（图 5-35、图 5-36）。

薄膜技术使太阳电池组件具有了透明度，太阳能电池组件出现了各种各样的机理，形成了不同的印刷纹路。这些新技术，不仅使太阳电池组件的应用越来越广泛，而且使它成为建筑表皮非常重要的构成要素之一，受到建筑师的青睐（图 5-37）。

光伏设备产生的电量，可以直接被建筑的用电设备使用，多余的电量可以储存在蓄电池中，甚至可以将电流输入公共电网，产生更多的经济效益（图 5-38）。

（1）光伏屋顶

光伏发电板可以应用于建筑的各个部位，需要与建筑有机结合，才能达到更好的效果。光伏组件可以适应各种各样建筑屋顶的形式，且不打破原有的建筑形态，如平屋

（a）太阳能大规模制氢　　（b）太阳能灶制氢

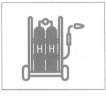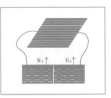

（c）太阳能制氢装置　　（d）太阳能制氢装置

图 5-32　太阳能转化为氢能主要形式

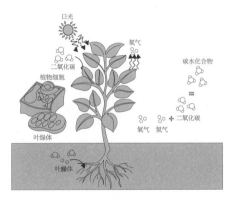

图 5-33　太阳能转化为生物能原理

（a）光合作用测定仪　（b）光合作用灯　（c）微藻光生物反应器

图 5-34　太阳能转化为生物能主要形式

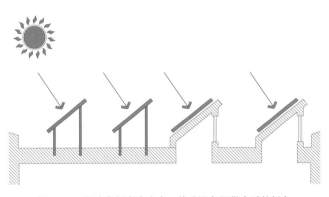

图 5-36　锯齿高侧窗为光电一体式设备提供合适的倾角

图 5-37　光伏薄膜技术

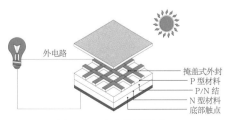

图 5-35　光电池剖面图

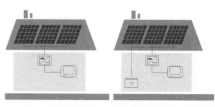

（a）电流直接被消耗　　（b）多余电流储存在蓄电池中

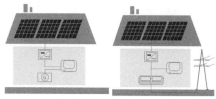

（c）备用发电机保障电流供应　　（d）电流输入公共电网

图 5-38　光伏设备

顶、曲面屋顶、坡屋顶，以及老虎窗等（图 5-39）。

（2）光伏幕墙

光伏幕墙可以布置在整片建筑外墙上，也可以布置在窗下墙、挡板、栏板、窗间墙，甚至是采光窗上（图 5-40）。

（3）城市应用

光伏技术还可以在城市小品中应用，如景观棚、座椅、遮阳板、展示牌、书报亭屋顶等（图 5-41）。

（4）光伏景观

光伏景观的应用也越来越多，在高速公路防噪板上、大坝上，以及形成电子植被等（图 5-42）。

光伏发技术已经日益走进了人们的生活，越来越多地在城市中发挥着重要的作用。

（a）平屋顶　　　　　　（b）曲屋顶　　　　　　（c）老虎窗　　　　　　（d）坡屋顶

图 5-39　光伏屋顶

（a）窗下墙　　　　　　（b）挡板　　　　　　（c）栏板　　　　　　（d）窗间墙

图 5-40　光伏幕墙

（a）雨棚　　　　　　（b）座椅　　　　　　（c）光伏遮阳板　　　　　　（d）光伏板

图 5-41　城市应用

（a）防噪板

（b）光伏

（c）电子植物

（d）电子植物

图 5-42　光伏景观

5.4　热环境优化的综合解决策略

5.4.1　光伏发电与建筑表皮一体化设计

（1）教堂屋顶

图 5-43 是德国某教堂改造项目，为了不改变原教堂的传统风貌，光伏组件采用无边框、黑色单晶硅太阳电池板。通过将可见金属电极染成黑色并使用黑色背板代替常用的白色或透明背板，实现了对天然板岩房顶的量身定做。另外使用精细构造、高度透明的表面玻璃，可以使外观有亚光效果。古迹保护部门经过长时间的讨论，认为巧妙染色、与板岩相似的光电组件是一种有说服力的解决方案。

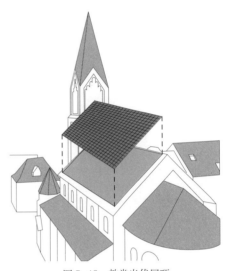

图 5-43　教堂光伏屋顶

（2）公寓高楼

图 5-44 是某公寓的改造项目，建筑原南立面为两侧开窗、中间一大片山墙。建筑师改造的时候，将朝南的外立面上安装了一个覆盖整个表面的光伏系统，这个系统是由标准组件组成的背面通风的外层结构，附件采用多晶硅太阳能电池，虽然垂直太阳能系统比以最佳角度朝向阳光的太阳能系统发电量要少，但此发电系统仍能够提供建筑电能消耗总量 13% 的电能。这对于常年耗能的居住建筑而言，是很大的能量节约。

图 5-44　公寓高楼

（3）荷兰能源研究中心

图 5-45 是位于荷兰的能源研究中心，将太阳能系统与遮阳系统复合，共同作为建筑的表皮构件，不仅满足了功能需求，同时创造了特殊的建筑形态效果。由于可调节的太阳能系统（如带跟踪太阳功能的太阳电池组件）既昂贵且又并不比固定的组件收集的能量多很多，建筑

（a）外景

（b）局部

图 5-45　荷兰能源研究中心

图 5-46　中新生态城城市管理服务中心

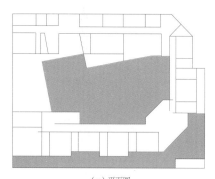

（a）平面图

（b）立面图

图 5-47　中新生态城城市管理服务中心

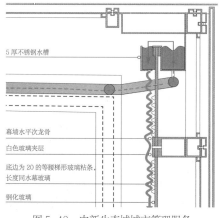

5 厚不锈钢水槽

幕墙水平次龙骨
白色玻璃夹层
底边为 20 的等腰梯形玻璃粘条，
长度同水幕玻璃
钢化玻璃

图 5-48　中新生态城城市管理服务
中心玻璃水幕构造分析

师选择了与水平方向呈 37° 角的倾斜、条状、3m 长的金属条，以符合建筑上的组件尺寸。每条金属条宽 84cm，承载着 3 个光伏组件，每个组件包含 33 头嵌入玻璃中的太阳电池。为了便于维护、易于接近和清洁窗台，整个防晒系统作为外置的立面，设置在距原有外立面约 80cm 的距离处。

5.4.2　改善建筑表皮保温隔热效果

（1）天津中新生态城城市管理服务中心

中新生态城城市管理服务中心位于天津中新生态城最北端，原有建筑建于 1980 年代末，是天津市汉沽区的一所普通中学，建筑为 4 层砖混结构，经改造后成为办公楼。结构形式的限制决定旧建筑部分的功能为普通办公室，新建部分为 3 层框架结构，作为员工餐厅、会议室等大空间用房，三层为职工休息室。新建部分与原有建筑相拥环抱，形成建筑内庭院（图 5-46、图 5-47）。

中新生态城城市管理服务中心项目采用了表皮降温措施，在玻璃幕墙内设置水幕，水从顶部水槽出来，通过白色玻璃夹片缓缓流下，与空气充分接触，通过蒸发吸热的方式，水幕在夏季可降低建筑表皮围护结构的内表面温度，从而减缓室内温度的上升。另外，结合构架设置了花槽，室内的垂直绿化具有一定的遮阳和改善室内空气质量的作用（图 5-48、图 5-49）。

（2）2008 年北京奥运会柔道跆拳道馆

北京奥运会柔道跆拳道馆的外形，使用了柔道、跆拳道运动中"带"的概念。

建筑师采用宽 3m、间距 0.75m 的锈红色金属板均匀地布置在整个立面上。

金属板与保温材料复合，既提升了建筑表皮的保温性能，又形成严谨的立面划分，充分展现了柔道、跆拳道运动特有的沉着与爆发之力。

体育馆东西立面相对封闭，大部分采用复合金属幕墙，只设置了少量的外窗，其设计大大减弱太阳东西晒对体育馆的影响。整个建筑表皮的设计，使体育馆的能耗大幅降低（图 5-50~图 5-52）。

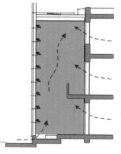

（a）内景　　　　　　　（b）边庭分析

图 5-49　中新生态城城市管理服务中心边庭

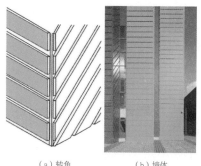
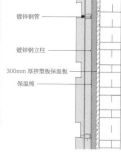

镀锌钢管

镀锌钢立柱

300mm 厚挤塑板保温板

保温棉

（a）转角　　（b）墙体

图 5-50　2008 年北京奥运会柔道
跆拳道馆复合金属幕墙

图 5-51　2008 年北京
奥运会柔道跆拳道馆
外墙构造

5.4.3　覆土建筑优化体形系数

土地可以作为一种蓄热体，被动式加热和冷却的另一个方向是将建筑埋入地下。洞穴居住，是这种方法最早的例子。洞穴作为天然的避难所，除了居住，还提供了额外的好处，就是它外面的岩石和土壤是自然环境温度变化的缓冲调节器，土地巨大的蓄热系数，使建筑内部空间基

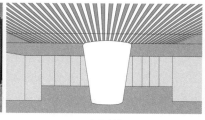
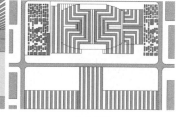

（a）外景　　　　　　　　（b）内景　　　　　　　　（c）总图

图 5-52　2008 年北京奥运会柔道跆拳道馆

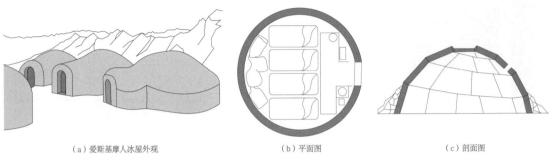

(a) 爱斯基摩人冰屋外观　　　　　(b) 平面图　　　　　(c) 剖面图

图 5-53　爱斯基摩人冰屋

本不随着外界温度改变而发生变化。地下室、覆土建筑或将一个建筑的大部分埋入地下，是一种控制温度波动非常高效的方法。爱斯基摩人的冰屋、土耳其靠崖民居、黄土高原崖居，都是当地人利用地域特性适应环境的智慧建造方式（图 5-53~ 图 5-55）。

5.5　经典案例解析：北京农宅改造——适宜地域特征的被动式建筑热环境改造

实施乡村振兴战略，对全面建设社会主义现代化国家，具有重要意义，其中一条重要路径："必须坚持人与自然和谐共生，走乡村绿色发展之路"。因此，推进农村建设和用能低碳转型；推进绿色农房建设，加快农房节能改造；持续推进农村地区清洁取暖，因地制宜选择适宜的供暖方式等，都是绿色建筑知识在乡村建设中的应用。

北京地处寒冷地区，改善建筑气候适应性的重要原则为："夏季遮阳通风，冬季保温吸热"。该农宅改造项目，采用适于北京地域条件的被动式建筑改造方法，原材料都在当地购买，农民自己施工，力图建成一个可实际操作节能改造的示范项目（图 5-56、图 5-57）。

5.5.1　改善围护体系

（1）上开启三玻窗设计

玻璃窗既是得热构件，也是主要的失热构件。传统农宅的开窗面积很大，冬季冷风渗透严重，是农宅热环境改造的重要对象。本设计采用三玻窗，通过增加窗户的空气间层数量来达到阻隔热散失的目的。对玻璃和窗

图 5-54　土耳其靠崖式民居

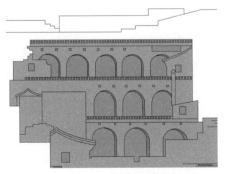

图 5-55　黄土高原靠崖式民居

框结合部位，采用夹框式密闭设计，将冷风渗透减少到最低，在外窗框贴脸将框与木条之间的缝隙遮盖，减少渗透，提高冬季保温效果。夏季室内热空气流通渠道不畅，常用的下开启扇使室内高温空气得不到散失。因此，采用上开启通风，有助于热空气向上扩散流出。内遮阳的苇帘，减少夏季太阳辐射，就地取材，便于安装、维护（图 5-58）。

图 5-56　农宅外景

（2）夹心墙体设计

围护材料的选择，考虑到农民的经济能力和可实施性，以水泥砖和苯板为材料，室外层 150mm 墙体和室内层 250mm 墙体，中间 100mm 的苯板保温材料。将较厚的墙体设在内部，从而使内墙在冬季白天有更多的体积蓄存热量，夜晚向室内散热，提升舒适度，降低能耗（图 5-59）。

图 5-57　农宅内景

（3）保温屋面设计

屋顶层采用上下两层苯板（70mm）的做法，既可以在夏季避免室外屋顶过热导致传热使室内温度升高，也可以在冬季减少室内向外散热，保温隔热效果明显。小青瓦面层、草泥结合层、苯板保温层、沥青油毡、木板、檩条、纤维板等，都是当地的常用建材（图 5-60）。

（4）防潮地面设计

由于是在原有农宅的地基上改建，因此将原有基础加高，铺设炉渣保温层，增强保温效果，减少室内与基础之间的辐射散热。在炉渣保温层上面铺设地砖，由于光线良好采用深色地砖，这样在冬季可以吸收辐射热，促进表面温度升高，利于采暖。

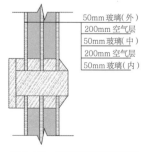

50mm 玻璃（外）
200mm 空气层
50mm 玻璃（中）
200mm 空气层
50mm 玻璃（内）

图 5-58　玻璃窗构造示意图

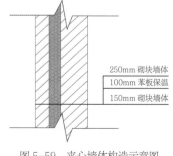

250mm 砌块墙体
100mm 苯板保温
150mm 砌块墙体

图 5-59　夹心墙体构造示意图

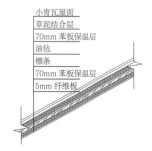

小青瓦屋面
草泥结合层
70mm 苯板保温层
油毡
檩条
70mm 苯板保温层
5mm 纤维板

图 5-60　保温屋面构造示意图

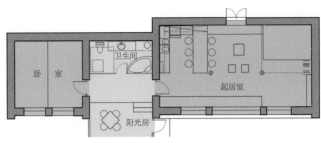

图 5-61　热环境分析图

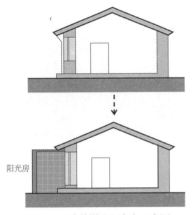

图 5-62　建筑增设阳光房示意图

（a）侧窗+高侧窗采光

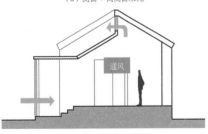

（b）风压+热压通风

图 5-63　北京农宅阳光房促进自然通风、
自然采光分析

5.5.2　改造空间形态

（1）热环境合理分区，提高舒适度

将主要房间并列于南向，辅助房间并列于北向，加大住宅的进深。根据场地条件，在北向增加毗连厨房、卫生间等辅助功能用房，作为缓冲空间。使用过程中减少了开户门次数，降低了冷风渗透量，也提高了使用舒适度，达到节能目的（图 5-61）。

（2）附加阳光房，改善内部热环境

在南向主入口设置阳光房，避免出户带来的冷气渗透。白天，利用太阳光辐射热对阳光间内空气进行加热，同时在阳光间墙体、地面均采用蓄热量高的材料做围护结构，使得蓄热材料吸热储存热量。夜晚，阳光房内使用频率不高，没设置采暖设施，但蓄热墙体、地面仍可以散发白天储存的热量，为阳光房内提供热源，实现良好的室内热环境效果，节省建材、降低能耗。

阳光房后侧卫浴空间，高窗向南开启，冬季阳光可以直接照射到卫浴空间内北侧墙体，有助于提高墙体温度（图 5-62、图 5-63）。

5.5.3　改进采暖设施

绿色能源的使用，不仅增加房间的舒适度，而且大大降低了能源消耗。北京农宅现有的供暖方式有烧炕供暖、燃煤（气）供暖、电供暖、沼气供暖和太阳能供暖等。目前，火炕供暖、太阳能供暖、沼气供暖更适合北京农村地区的供暖需求以及生活习惯。

（1）吊炕与吧台结合供暖

室内采用吊炕供暖，相比传统火炕有更多的优势，传统火炕直接与地面相连，将一部分热量直接传导到地下，使热能损失，而吊炕与地面分离，相当于多了一个散热面，采暖效果更好。吊炕与灶台相连，以植物的秸秆、茅草为燃料，通过与炕相连的灶，将炊事产生的高温烟气引导到炕体烟道中来，加热炕体，使炕表面温度升高，以整个炕面作为散热面，均匀地向室内辐射热量而达到取暖效果。

在室内同时还结合居室布置设有可供暖的吧台和北向墙下面的热座，增加室内热源面积。研究表明，当室内基础温度有限时，加热近人体设备比加热空气会让人的感觉要好得多。这样结合人的日常活动，改进供暖设施，可以为使用者提供更好的热舒适性（图5-64~图5-66）。

（2）自制太阳能墙供暖

北京地区太阳能非常丰富，虽然具有间歇性，但非常符合农村住宅的使用要求，既可以为用户提供生活热水，又可以为住宅建筑供暖。

传统太阳墙的工作原理是利用高度造成热压实现空气流动，从而将被太阳加热的空气引入室内。但是，传统的太阳墙也存在一些问题，如：封闭式墙体，不易清洁，维护困难；直立式设计，需要建筑立面提供较大的高度；构造复杂，造价过高等。考虑到农村住宅墙体高度受限、造价受限、维护受限等，因此在该建筑中采用了自制的横向太阳墙。

利用主人房窗下墙的位置，横向设置太阳墙，在内部竖立深色铁板，吸收热量，同时设置开启活扇，便于清洁及维护。开启扇采用单玻设计，目的为使太阳墙内部充分得热，利于空气、铁板升温。在横向墙两端设有与室内相连通的洞口，东侧洞口设有风扇，由太阳墙内的温感器控制其开关。当温度达到一定程度时，风扇开始工作，将太阳墙内的加热空气吹向室内，同时西侧洞口由于风压关系，将室内空气吸进太阳墙，经过被阳光加热的铁板，加热变为热风，再由风扇再次抽出。而当太阳墙内部温度达不到要求时，温感开关控制风扇不工作。同时开启扇的缝隙可以起到进入新风的作用，也有利于保持内部空气新鲜（图5-67）。

图 5-64　吧台

图 5-65　吊炕

图 5-66　热座

图 5-67　农宅太阳能墙

绿色建筑节水系统优化设计

"把水还给河川，把养分还给土壤"，是建立节水型社会、优化建筑节水系统建立居住环境可持续水资源利用的大智慧！

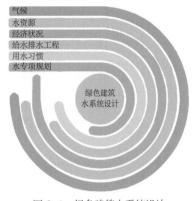

图 6-1 绿色建筑水系统设计

什么是绿色建筑水系统设计呢？绿色建筑水系统设计需要根据区域气候条件、水资源特点、当地经济状况、给水排水工程情况、用水习惯以及区域水专项规划等（图 6-1），制定水系统规划方案，主要内容包括：

1）根据区域用水整体情况，参照《城市居民生活用水量标准》GB 50331、国际用水定额和其他相关用水标准规定，进行住宅和公共建筑的用水定额确定、用水量估算及水量平衡。

2）依据《建筑给水排水设计规范》GB 50015 等规定，设计合理、完善的给水排水系统。

3）选用经济、合理的节水卫生器具和设备。

4）根据实际情况利用再生水、雨水等非传统水源。

绿色建筑"节水系统"主要包括三部分：建筑节水、建筑中水利用以及建筑雨水利用（图 6-2）。

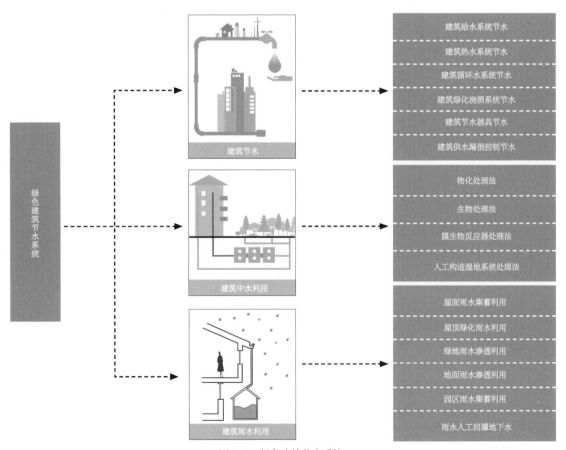

图 6-2 绿色建筑节水系统

6.1　建筑节水的基本原理

6.1.1　建筑给水系统节水

高层建筑的生活给水大多需要二次加压，目前应用较普遍的是水池—水泵—高位水箱的加压供水方式。高位水箱容易出现二次污染，造成水质在加压输送和储存过程中下降。大部分高层建筑中的消防水池存在贮水时间过长、存水变质的问题，其中受污染的水将会被放掉。对给水系统的清洗处理也需要消耗大量自来水，造成大量水的浪费。高层建筑多采用分区供水，各分区中楼层偏低的用水器具要承受大于其流出水头的净水压力，导致出流量大于用水器具本身的额定流量，以致出现"超压出流"现象，造成无效出流，导致水的浪费。

改善措施：采用节水型供水系统；控制管网水压，避免超压出流等。

6.1.2　建筑热水系统节水

热水系统普遍存在严重的水量浪费，主要表现为：我国现有住宅多采用局部热水供应系统（家用热水器），系统中不设循环管路，开启热水配水装置后，要放掉管内滞

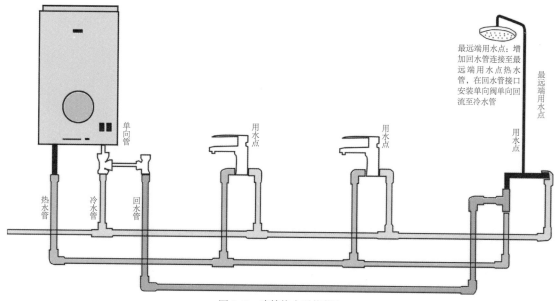

图 6-3　建筑热水系统节水

留的大量冷水才能正常使用，这部分流失的冷水称为无效出流。由于热水供水管未进行保温处理，管道热损失较大，在洗浴过程中，关闭淋浴器后再次开启时，也要放掉一些低温水，造成水的浪费（图6-3）。

改善措施：集中生活热水供应系统采用合理的循环方式；控制局部热水供应系统管线长度；减少调温造成的水量浪费。

6.1.3　建筑循环水系统节水

园区内的景观水、灌溉用水等，经常缺乏循环利用系统，在循环过程中浪费的现象也普遍存在。

改善措施：加强空调冷却水循环利用、景观用水循环利用、游泳池用水循环利用等建筑循环水系统的应用，也能达到有效的节水效果。

6.1.4　绿化浇洒系统节水

绿化浇洒系统也是用水的大户，因此，在景观配置上应合理选择植物种类，如推广乡土植物，应用耐旱植物，乔、灌、草结合；与此同时，还应该完善水资源综合利用体系（图6-4）。

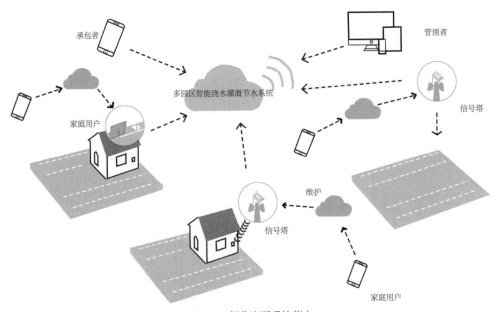

图6-4　绿化浇洒系统节水

改善措施：优化植物配置结构；推广先进节水灌溉方式。

6.1.5 建筑节水器具节水

配水装置和卫生设备是水的最终使用单元，其节水性能直接影响建筑节水的成效，推广使用节水器具是实现建筑节水的重要手段和途径（图6-5、图6-6）。

改善措施：采用节水龙头、节水便器、节水淋浴器、节水型电器等节水器具。

6.1.6 建筑供水漏损控制节水

建筑供水漏损主要发生在给水配件、给水附件和给水设备处，因此，应避免建筑各个环节的供水漏损（图6-7）。

改善措施：使用符合现行产品国家标准要求的、质量合格的给水配件、给水附件和给水设备；合理设计供水系统，避免供水压力过高或压力骤变；选用高灵敏度计量水表，并根据水平衡测试标准安装分级计量水表；做好管道基础处理和覆土，控制管道埋深，加强管道工程施工监督；正确安装给水配件、给水附件和给水设备，保证各个连接部位的密闭性；做好管道等的防腐；正确使用和操作；做好维修和管理，定期进行检漏。

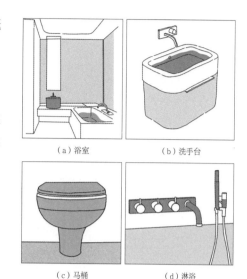

(a) 浴室　　　　　　　(b) 洗手台

(c) 马桶　　　　　　　(d) 淋浴

图6-5　建筑节水器具

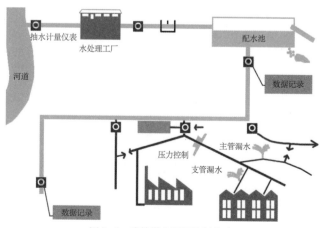

图6-7　建筑供水漏损控制节水

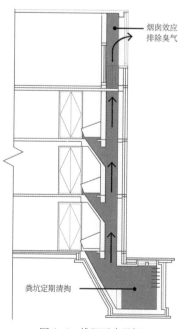

图6-6　堆肥无水马桶

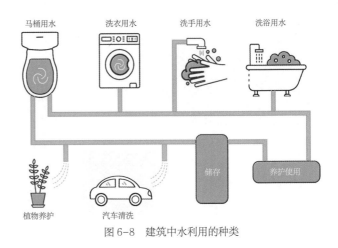

马桶用水   洗衣用水   洗手用水   洗浴用水

植物养护   汽车清洗   储存   养护使用

图6-8　建筑中水利用的种类

6.2　建筑中水利用

6.2.1　中水与建筑中水系统

按照我国《建筑中水设计规范》GB 50336—2002规定：中水是指各种排水经处理后，达到规定的水质标准，可在生活、市政、环境等范围内杂用的非饮用水。中水系统是指由中水水源的收集、储存、处理和中水供给等工程设施组成的系统。中水系统按照规模可以分为建筑中水、建筑小区中水以及城市（区域）中水。

冲厕用水、绿化用水、景观用水等，应优先选用中水，限制或禁止采用市政自来水（图6-8）。中水冲厕，应保证水质稳定、减少散发臭味、防止水箱结垢。中水绿化，应避免喷灌。中水景观，应将水景设计与水质保障结合起来，如生态湿地、机械设施、水生动物等（图6-9）。

6.2.2　建筑中水处理技术

建筑中水需要经过中水处理，去除污水中的悬浮物、有机物、氮、磷等污染物，使其达到中水水质要求。建筑中水处理技术主要包括四种方法：物化处理法、生物处理法、膜生物反应器处理法以及人工构造湿地系统处理法。

（1）物化处理法

物化处理法有混凝沉淀、过滤、活性炭吸附、消毒等组合方法。用于处理优质杂排水，适用于规模较小的中水工程。

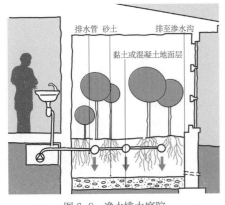

排水管　砂土　　排至渗水沟
黏土或混凝土地面层

图6-9　净水排水庭院

其特点为处理工艺流程短，运行管理简单，占地小。但对原水水质要求较高，出水水质受混凝剂种类和质量的限制。

（2）生物处理法

生物处理法是目前应用最广的生物污水处理方法，主要利用水中微生物的吸附、氧化分解污水中的有机物。其特点是效率高、出水水质好，但占地面积大、投资高、能耗高、管理复杂。

（3）膜生物反应器处理法

膜生物反应器处理法是一种"膜分离单元"与"生物处理单元"相结合的新型水处理方法。膜作为过滤介质容易堵塞，需经常清洗。其特点是出水水质好，可直接作为建筑中水回用或作为城市园林绿化、清洗、消防用水。占地小，易于实现自动控制。不足之处是投资较大。

（4）人工构造湿地系统处理法

湿地是指带有静止或流动水体的成片浅水区，还包括在低潮时水深不超过 6m 的水域。湿地与森林、海洋并称全球三大生态系统，在世界各地分布广泛。湿地生态系统中生存着大量动植物，很多湿地被列为自然保护区。湿地因其强大的生态净化作用，又有"地球之肾"的美名（图6-10、图6-11）。

人工湿地是一个综合的生态系统，它应用生态系统中物种共生、物质循环再生原理，促进废水中污染物质良性循环，充分发挥资源的生产潜力，防止环境的再污染，获得污水处理与资源化的最佳效益。它由水体、基质、水生植物、水控设施等构成。分为地表水湿地系统和地下水湿地系统（图6-12）。

图6-10 生态沼泽

图6-11 人工湿地

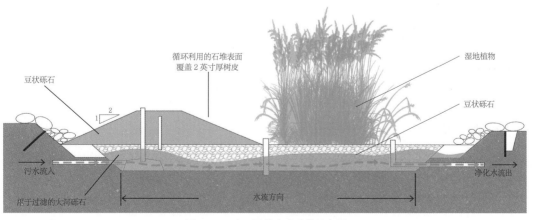

图6-12 人工湿地生态系统示意图

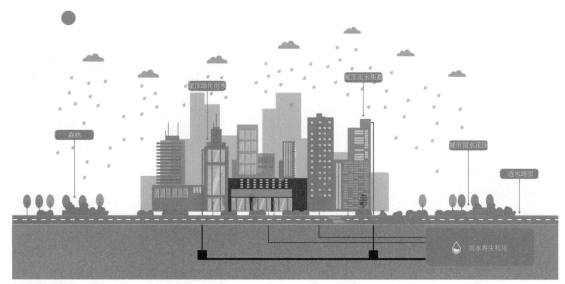

图 6-13　城市雨水循环示意图

6.3　建筑雨水利用

6.3.1　建筑雨水利用生态效益

雨水是水质较好的天然免费水源，经过简单处理后可以直接回用，是最好的杂用水水源之一。城市与建筑利用雨水入渗调控和地表径流调控，可以实现雨水资源化，节省水资源，保护环境（图 6-13）。

6.3.2　建筑雨水利用方式

建筑雨水可以通过屋面雨水集蓄、屋顶绿化雨水、绿地雨水渗透、地面雨水渗透、园区综合收集、雨水人工回灌地下水等多种方法加以利用（图 6-14）。

雨水利用的基本流程包括：收集—储存—净化—利用。如图 6-15 所示，将屋顶收集的雨水通过落水管引入地下埋置的过滤装置，通过重力作用将雨水引入蓄水模块，与花园内的生态水池渗透的地表水汇聚，共同向下，层层过滤后达到使用标准。通过水泵引到花园浇灌系统中，用于绿化用水和景观用水，多余的水通过溢流管排放汇入地下水。

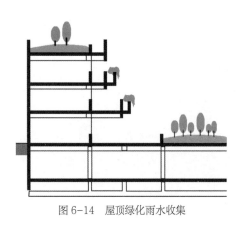

图 6-14　屋顶绿化雨水收集

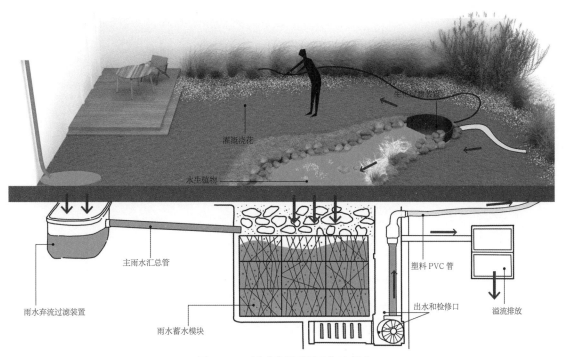

灌溉浇花

水生植物

主雨水汇总管

塑料 PVC 管

雨水弃流过滤装置

雨水蓄水模块

出水和检修口

溢流排放

图 6-15　雨水收集再利用系统示意图

6.4　基地环境保水

6.4.1　基地保水的重要性

基地保水也非常重要。生态保水是都市防洪的重要策略，相反，不透水化环境使整个城市宛如被塑料布包起来一般，将加速都市热岛效应（图 6-16~图 6-18）。

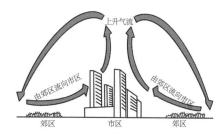

图 6-16　城市热岛效应

（a）集中式防洪系统

（b）分散式透水设施

图 6-17　城市排水策略

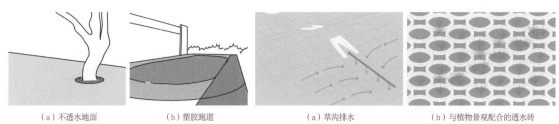

（a）不透水地面　　　　　（b）塑胶跑道 　　　　　（a）草沟排水　　　　　（b）与植物景观配合的透水砖

图 6-18　不透水的铺面　　　　　　　　　图 6-19　透水的铺面

6.4.2　直接渗透设计

　　直接渗透是设计师利用土壤的高渗透性来涵养水分。

　　绿地、草沟、透水铺面、透水管路、排水路面等，都是有效的直接渗透方法（图 6-19~图 6-22）。

6.4.3　贮集渗透设计

　　"贮集渗透"就是让雨水暂时留置于基地上，然后再以一定流速让水循环于大地的方法。"贮集渗透"设计无非在于模仿自然大地的埤塘、洼地、坑洞的多孔隙特性，以增加大地的雨水涵养能力（图 6-23、图 6-24）。

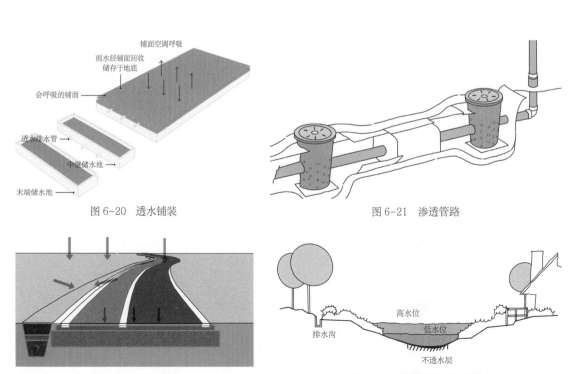

铺面空调呼吸
雨水经铺面回收
储存于地底
会呼吸的铺面
透水排水管
中继储水池
末端储水池

图 6-20　透水铺装

图 6-21　渗透管路

图 6-22　排水路面

高水位
低水位
排水沟
不透水层

图 6-23　景观渗透水池示意图

6.5　经典案例解析：墨尔本像素大厦——建筑与节水系统的一体化设计

像素大厦由 David Waldren 设计，位于墨尔本市重要地段。像素大厦彩色的外墙像一件艺术品，绿色和橙色、红色和黄色，模拟周边环境的自然颜色，让像素大厦在众多冰冷的玻璃外墙建筑中脱颖而出，不仅和周围环境融合，更有令人眼前一亮的感觉，充满了自然的活力和朝气。大厦楼高 4 层，有一个太阳能发热板屋顶花园，废水循环处理系统和空气净化系统与建筑一起，形成了一个不断循环的生态系统（图 6-25）。

图 6-24　海绵城市

6.5.1　自然采光和遮阳

建筑平面布局（图 6-26），除交通核和洗手间等私密空间外，均为开敞办公空间。它的表皮系统由种植植被、遮阳百叶、双层玻璃幕墙以及太阳能遮阳共同组成。两层玻璃幕墙之间种有绿植。外侧为固定在表皮上的彩色翼片，可在过滤阳光的同时为室内提供自然采光。这些翼片具有三个功能：①赋予建筑独特的视觉效果；②作为遮阳百叶系统在夏天起遮阳作用，从而减少空调系统的负荷；③调节照明，经过设计叶片角度，可以 100% 地允许自然光进入办公区域，同时避免眩光的影响。为建筑内部空间提供了零污染、可循环的最佳光照。室内光线非常温和，各区域均可使用笔记本电脑。

（a）外景

（b）内景

图 6-25　像素大楼

6.5.2　节水系统设计

像素大楼采用了最先进的水处理系统，能够达到自我可持续供水。从大面积天然的绿色屋顶收集雨水至周边可储存水的地方，这些水可用于灌溉周围植物。独特的芦苇基系统对灰水进行回收利用，该系统同时也可以作为窗户遮阳。由于主要供给水源为回收雨水，在建筑中仅需利用极少量的饮用水。每一滴雨水都会被利用三次。第一次，浇灌屋顶大面积维多利亚草地原生物种覆盖的绿色花园，之后，雨水被其过滤后，进入建筑地下 25000L 的雨水储存箱。第二次，经过过滤达标后，反向处理，将地下的水箱水引入淋浴、洗手、

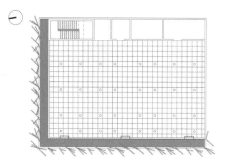

图 6-26　像素大楼办公空间平面图

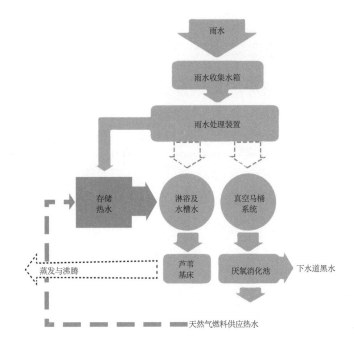

图 6-27　雨水利用流程图

冲厕等用水设备中。第三次，是水的回收，水分为两种：一
是灰水，通过排水管道，净化之后泵送至建筑湿地边缘，灰
水淹没湿地，浇灌植物，然后直接蒸发，或者通过芦苇叶片
蒸腾离开建筑，二是黑水，将流入黑水下水道，保存15天以上，
在这段时间里，厌氧消化池从黑废水中提取甲烷气体，为屋
顶热水系统提供能源，用于淋浴，淋浴产生的灰水可以返回
浇灌植物（图 6-27、图 6-28）。

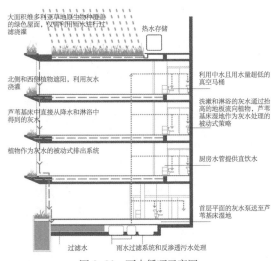

图 6-28　雨水循环示意图

6.5.3 楼板构造体系

在冬季，天然气氨水吸收式热泵，将加热的空气送入
室内各层，室外空气预调节，在风扇协助下通过楼面，并
通过每层工作站控制通风口。热风从脚底排出，提升了屋
内的热舒适度。最后通过排气竖管将 100% 废气排出。建
筑采用特殊混凝土。这种混凝土所用的材料 92% 来自于工
业废料的回收或再利用，降低了 60% 普通硅酸盐水泥的
用量，使得混凝土内碳的配比减半，达到传统混凝土相同
的强度且使用方法并无不同（图 6-29）。

在夏季，像素大楼提供了室内主要制冷源的建筑楼板
构造。这些结构楼板中含有冷水管，内部灌注来自中央制
冷设备的冷水。楼层的混凝土裸露在办公空间内，因此水
冷楼面板提供传递辐射制冷。室外新风制冷后从每层地面
送出，提升制冷效率，而后从房间上部排风口排出，热交
换捕获预加热废气和预制冷新风的能量，而后成为 100%
的废气排出（图 6-30）。

像素大厦在 Greenstar 评级系统中得到了 100 分。在
美国 LEED 标准下，达到 102 个要求，是少见的高分。像
素大厦充满了未来主义的设计特色，它是一个不断循环新
生的生态系统。

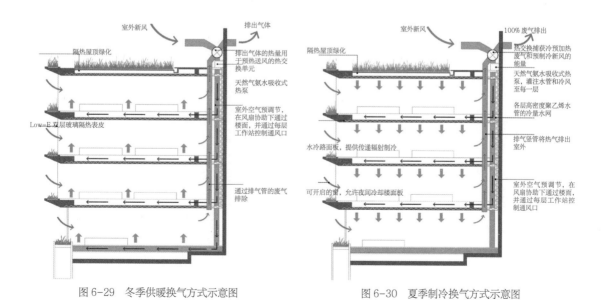

图 6-29 冬季供暖换气方式示意图　　　　图 6-30 夏季制冷换气方式示意图

绿色建筑的材料应用

我国正处在飞速发展的阶段，每一天都有大量的建筑拔地而起，但传统的建造方式和建筑材料会消耗更多的地球资源，造成越来越严重的环境危机。那么我们到底应该怎样建一幢建筑？怎样选择绿色建材？怎样使绿色材料成为建筑设计创意的来源？

图 7-1　建筑行业环境污染

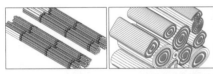

（a）可回收再利用的材料　（b）对自然有保护意义的材料

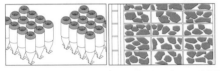

（c）节约资源的材料　（d）对环境有较少负面影响的材料

图 7-2　绿色建材

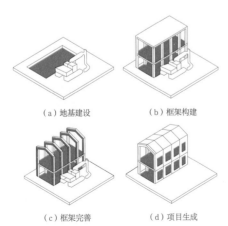

（a）地基建设　（b）框架构建

（c）框架完善　（d）项目生成

图 7-3　建筑建设流程

7.1　绿色材料

7.1.1　绿色建筑材料的特征

什么是绿色建材？

绿色建材是对自然资源具有保护意义的材料，对环境具有较低的负面影响，节水节能，是有助于人类安全和健康的产品。主要由回收废弃物、农业废料制成。与传统的建筑材料相比，绿色材料最大的特点就是减少自然资源的消耗，并且降低环境污染、改善生活环境，是可循环使用或回收再利用的建筑材料。绿色建筑材料主要有两类，一类是可再利用材料，另外一类是可再循环材料（图 7-1~图 7-3）。

7.1.2　绿色建筑材料的种类

（1）可再利用材料

可再利用材料，是在不改变所回收物质形态的前提下进行材料的直接再利用，或经过再组合、再修复后利用的材料。其来源为建筑废弃物，包括建筑施工、旧建筑拆除、场地清理等建筑全生命周期中产生的各种固体废弃物。

（2）可再循环材料

可再循环材料是将无法直接再利用的材料，通过改变其物质形态，加入其他成分，生产成为另一种材料而循环再利用。主要为工业、农业、生活废弃物等。可利用的工业固体废弃物有矿渣、钢渣、粉煤灰、炉渣、煤矸石、工业复产品石膏等。可利用的农业固体废弃物主要有棉秆、麻秆、芦苇、稻草、稻壳、麦秸等。

7.1.3　将绿色建材作为设计创意的来源

（1）"石头墙"——多明莱斯酿酒厂

多明莱斯酿酒厂位于美国旧金山纳巴山谷的葡萄园，是建筑大师赫尔佐格和德梅隆的代表作品。建筑本身体量巨大，形态简单，是一个纯净的石头盒子，低调、内敛地融合于自然环境之中。这个建筑最突出的特色就是建筑材料的选择和建造（图 7-4）。

　　为了表达建筑与自然的融合，建筑师采用了钢筋网和废弃的石块作为建筑的墙体材料。用钢筋网筐将废弃石块承装起来，作为墙体，不仅改善了墙体的性能，而且产生了独特的建筑表皮效果。石料的大小是经过精心挑选的，有两种尺寸：直径较大的 25~35cm，直径较小的 10~20cm。钢丝网也有两种尺寸。两者组合之后，形成三种主要的表皮肌理，石块自下而上，由小到大、由实至虚、由密到疏，形成独特的表皮肌理。从外部看来，给人非常稳定、扎实的感觉，由于石块缝隙不同，使进入建筑内部的光线也有所不同，从而形成了独特的光影效果。这种建筑工法，叫 Gabion Wall，又称石笼、箱笼等，在堤防、防御建筑当中应用十分广泛（图 7-5、图 7-6）。

　　葡萄酒酿造对温度和光线有着一定的要求，建筑师正是基于功能的需求，利用建筑材料的特性，打造了这样一层厚厚的立面，既通风调节温度，同时也调节进入室内的光线，非常符合建筑的个性。当葡萄美酒在这凉爽、氤氲的环境中酿造的时候，当人们走在这光影斑驳的石头长廊中的时候，在你凭栏眺望金黄的葡萄庄园的时候，你是否会意识到这是材料的魅力，这是绿色建材的魅力，这是绿色建筑的魅力！这就是建筑大师将绿色建材与建筑艺术结合带给我们的感受（图 7-7、图 7-8）。

图 7-4　多明莱斯酿酒厂

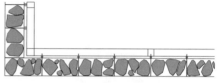
（a）墙体平面图

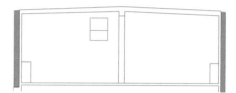
（b）墙体剖面图

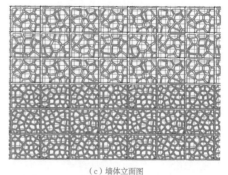
（c）墙体立面图
图 7-5　多明莱斯酿酒厂石头墙体示意图

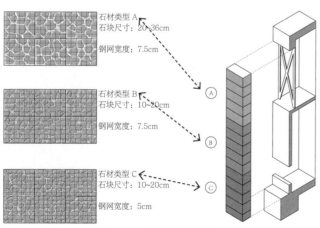
图 7-6　石头墙组合方式

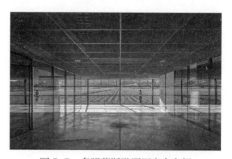
图 7-7　多明莱斯酿酒厂室内空间

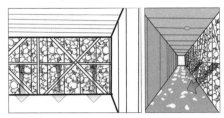

图 7-8   石头墙阳光通廊

（a）外景

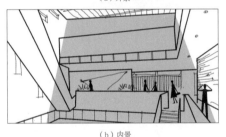

（b）内景

图 7-9   宁波历史博物馆

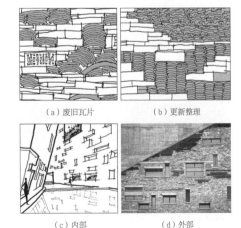

（a）废旧瓦片   （b）更新整理

（c）内部   （d）外部

图 7-10   废旧瓦片的再利用

（2）"瓦爿墙"——宁波历史博物馆

宁波历史博物馆在外观设计上大量地运用了宁波旧城改造中积累下来的旧砖瓦、陶片，形成了 24m 高的"瓦爿墙"，同时还运用具有江南特色的毛竹制成特殊模板清水混凝土墙，毛竹随意开裂后形成的肌理效果清晰地显现出来。大量使用回收材料，一方面，体现宁波地域的传统建造体系，质感和色彩完全融入自然，另一方面，在于对时间的保存，回收的旧砖瓦承载着几百年的历史，见证了消逝了的历史，这与博物馆本身"收集历史"的理念吻合。而"竹条模板混凝土"是一种全新创造，竹本身是江南很有特色的植物，它使原本僵硬的混凝土发生了艺术质变。这个建筑建成之时，就表现出浓浓的忧愁和历史的沧桑。历史文化的记载和感悟，也正在向所有来此参观的人传递着浓浓的乡愁（图 7-9、图 7-10）。

（3）"麦垛"——上海世博会万科馆

上海世博会万科馆由 7 个表皮为麦秸板的圆台组成。圆台内外均采用了环保的麦秸板。板材良好的性能及生产过程中对环境的贡献是受到设计师青睐的重要原因。麦秸板不仅在生产过程中对环境影响较小，在回收和二次利用方面也有很大优势，这减小了建筑在展后拆除时对环境造成的影响。此外，该板材具有良好的折弯性，可以满足万科馆曲面的建筑形态。秸秆板的生物材料具有呼吸和衰老过程，色泽也会随着时间推移而变化，材料自然、质朴的外观给人带来亲切的视觉感受。不仅如此，随着时间的推移，建筑变化的外观还向人们展示了建筑的生命周期。圆台内部是独立的展厅与后勤办公空间。正圆台与倒圆台交错组成，它们围合而成的半室外空间四周通透，顶部通过透明采光膜（ETFE）连成一体，供人们休息、停留。此外，建筑还采用自然采光、自然降温、自然通风等多项被动式绿色技术。例如，中庭周边的倒圆台形成的空隙都为上小下大的空间，建筑外部的气流流向建筑的时候，上部的气流被建筑的形体挤压，向下流动，从而使建筑下部、靠近地面的风速提高，在近人尺度，就会感到更加凉爽。整个建筑组团外部以水池环绕，通过水的蒸发，实现降温、调节微气候环境，使之更加

图 7-11 上海世博会万科馆

（a）平面图

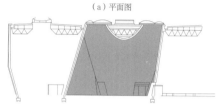

（b）剖面图 A

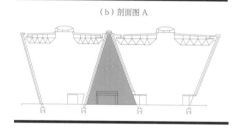

（c）剖面图 B

图 7-12 上海世博会万科馆公共空间示意图

舒适和趋于自然。整个建筑完全不使用空调，但内外环境都非常宜人（图 7-11~图 7-14）。

这座建筑采用的秸秆墙板材料有很多优势：环保、经济、保温、隔热、隔声、抗震、寿命长。如果将建筑材料生产、运输、施工等整个过程的能耗用二氧化碳的排放量来衡量，建材生产能耗的占比最大。将各种不同材料生产过程中的二氧化碳排放做一个横向比较，由图 7-15 可见，铝材料的二氧化碳排放量最高，C30 混凝土材料的二氧化碳排放量较低。然而，其中一个材料非常特殊，二氧化碳排放量为负值，它就是秸秆板材。因为它是一种植物建材，在生长的过程中，吸收大量的二氧化碳，排放出氧气。而在加工的过程中排放出二氧化碳，前后抵消，总的二氧化碳排放量仍旧为负值。由此可见，秸秆材料是对环境非常有益的一种建筑材料（图 7-16）。

秸秆材料的优势：

1）环保：源于农作物废料，既避免废弃物对环境的污染，又变废为宝，合理地利用自然资源，是可再生的绿色资源。

2）经济：秸秆材料与其他墙体保温材料相比，其出产量与能耗比较低，但在使用中节能效益却很高。

3）保温隔热性能好：秸秆隔热房屋可以达到节能建筑的标准，年耗能不大于 15kWh/m²。

4）隔声性能好：隔声效果是普通建材的 5 倍，经特殊处理后能防火、防水、防腐、防虫。

5）抗震性能好：秸秆板材存在一定的蠕动，能够缓解地震对结构的冲击力，避免造成建筑坍塌。

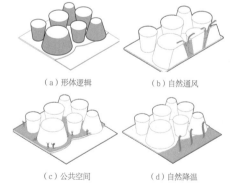

（a）形体逻辑　　　　　　（b）自然通风

（c）公共空间　　　　　　（d）自然降温

图 7-13 上海世博会万科馆绿色设计策略

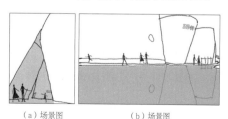

（a）场景图　　　　　　（b）场景图

图 7-14 上海世博会万科馆公共空间节点

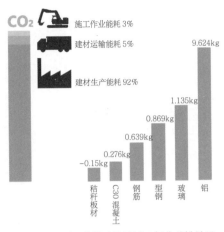

图 7-15　不同种类建筑材料二氧化碳排放量

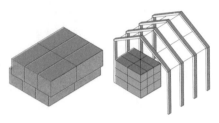

（a）麦秸板材　　　（b）麦秸板材墙体
图 7-16　绿色材料的应用

（a）室外

（b）室内
图 7-17　上海世博会西班牙馆

6）使用寿命长：与一般人担心的易腐烂相反，美国最早的秸秆建筑已 100 多年了，目前仍可以居住。科学证明，秸秆的含硅量较高，所以其腐烂速度极其缓慢。

（4）"篮子" ——上海世博会西班牙馆

上海世博会西班牙馆彰显了西班牙人热情、浪漫、奔放的风采。建筑面积 7624m²，总高 20m。建筑选用当地特有的材料——藤条作为表皮建筑材料，八千余张长 2m、宽 1m 的柳条板均由手工编织而成，由钢丝斜向固定，仿佛鱼鳞一般。虽然组合后，整个建筑形态看上去非常多姿多彩，但事实上，为了方便编织和制造，全部由 3 种标准化肌理和 3 种基本的颜色组合而成。黄色为柳条的原色，在处理液中浸泡 6 小时形成棕色，浸泡 8 小时形成黑色。建筑围护结构的构造如同"洋葱"一般，由 4~5 层组成，且均采用可再循环材料。建筑非线性的外部形态塑造了丰富且有特色的内部空间，内部装修采用的也是竹子藤条等与外表皮相近的建筑材料，使整个建筑浑然一体，人们仿佛在空腔间游走一般（图 7-17~图 7-20）。

（5）"竹林" ——法国罗纳—阿尔卑斯大区展馆

法国罗纳—阿尔卑斯大区展馆采用了竹子作为建筑的原材料，实现技术与艺术的结合。展馆的外墙四周被竹林包围，不仅能避免阳光直射带来的墙面过热，还能遮盖屋顶平台上的技术设备。无论是从建筑外部向内看，还是从内部空间透过竹林向外看，都能够感受到光影和时间变化带来的特殊感受。另外，竹子是草本植物，不像大多数树木需要几年生长，它的更新速度非常快，可以避免由于过度森林砍伐造成对生态系统的破坏（图 7-21~图 7-23）。

（6）"集装箱" ——Freitag 苏黎世旗舰店

Freitag 旗舰店以设计环保的 Freitag 包而风靡全球，其邀请了 Yves Netzhammer 设计事务所为他们设计了一个环保的旗舰店。这个旗舰店由 17 个回收来的破旧不堪的集装箱搭建而成，集装箱之间用一种可循环玻璃材料隔离，起到保温作用。建筑外部环绕着集装箱搭建楼梯，拾级而上可以达到顶部。这座建筑就建在苏黎世的一条高速公路边上，向过往的车辆、行人直观地表达着 Freitag 旗舰店的环保理念（图7-24~图7-26）。Freitag每年还会选择不同的城市开设快闪店，希望能在最短的时间内将那些热爱环保、热爱骑行的人群集合在一起，通过创意性的聚会活动，将理念和精神更快、更生动地传递出去。

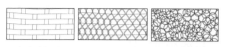
（a）编织肌理　（b）缠绕肌理　（c）团状肌理
图7-18　表皮肌理

（a）浸泡8小时　（b）浸泡6小时　（c）原色
图7-19　表皮颜色

7.2　绿色构造

建筑不仅要采用绿色建筑材料，还应该在建造的过程中也尽量采用减物质化的建造方法或环境友好的建造方法，优化建造过程，减少对环境的伤害。

7.2.1　"装配"建造

我们目前大力提倡的装配式建造，就是一种有效的减物质化建造方式，在工厂预制加工，减少现场的湿作业，从而避免建造过程对环境的污染，另外装配式建造的建筑产品部件等多可循环再利用，促进了建筑材料的再生。

首先，装配建造的板材生产，要求在设计之初就应遵循一定的模数，并兼顾多样化与个性化的需求。不同类型的建筑均按照统一有序的规则进行设计，使材料生产、建造施工、能源利用等，都达到标准化、规格化，从而实现建筑的产业化。其次，装配化的建造施工，使建筑具有整体的结构体系、良好的热工性能、便捷的安装技术，不仅可以缩短工期、保证施工安全，而且可以有效降低成本（图7-27）。最后，还要一套适应于产业发展的独特的管理模式，以建造基地为中心展开，集成研发设计、预制加工、物流配送、现场安装以及使用和维护等多种功能。

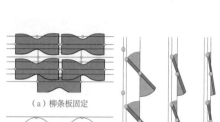
（a）柳条板固定

（b）柳条板固定　　（c）柳条板固定
图7-20　固定方式

图7-21　法国罗纳-阿尔卑斯大区展馆

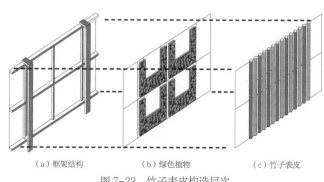
（a）框架结构　　（b）绿色植物　　（c）竹子表皮
图7-22　竹子表皮构造层次

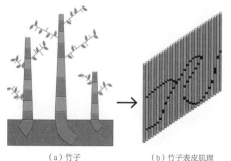
（a）竹子　　　　（b）竹子表皮肌理
图7-23　竹子的利用

图 7-24 Freitag 旗舰店

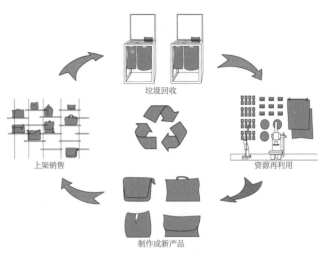

图 7-26 环保包理念

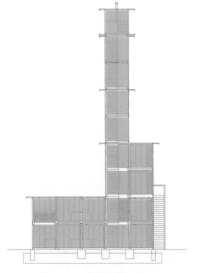

图 7-25 集装箱单元示意

只有形成一个动态的、贯穿建筑产品全寿命周期的质量管理体系，才更容易在工程中控制质量，实现建筑产品的高效化和精良化（图 7-28）。

7.2.2 "节约"建造

最大限度地发挥材料的结构特性，能够有效减少建筑材料的使用。例如，富勒穹顶，用最少的结构创造最大的空间；赫斯特大厦，用优化的结构逻辑，减少用钢量。

（a）步骤一：做基础　　　（b）步骤二：组装钢框架

（c）步骤三：组装钢屋架　　（d）投入使用

图 7-27 某小住宅装配建造过程

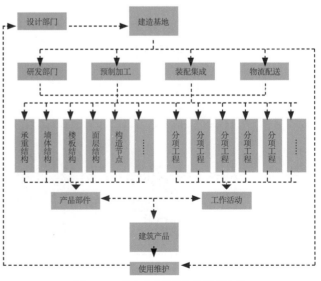

图 7-28 装配式建造的组织管理流程

巴克敏斯特·富勒是建筑师、工程师、发明家、思想家和诗人。在他漫长的一生中，他论述了关于技术与人类生存的思想。他称这种思想为"Dymaxion"，即最大限度利用能源，以最少结构提供最大的强度。他在 1967 年蒙特利尔世博会上把美国馆变成富勒球，使得轻质圆形穹顶一时间风靡世界。网格穹顶拥有轻质、快速搭建、技术简单的特点，用最少的材料实现最大的空间使用效益（图 7-29、图 7-30）。

图 7-29　富勒穹顶

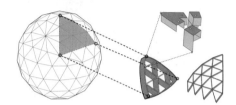

图 7-30　富勒球结构体系分析

赫斯特大厦的结构逻辑非常清晰。福斯特事务所在这个项目中对于环境有着多方面的考量。建筑钻石形表面使用三角形钢结构，这个高效的体系能够节省 21% 的用钢量，约节约了 2000 吨钢材。整幢建筑 90% 的钢使用的是回收材料。另外，建筑中庭地面采用导热性石灰岩，水在铺设的聚乙烯管内部循环以控制整栋建筑的温度等。这些建造措施使得赫斯特大厦成为纽约第一座获得了绿色能源与环境设计先锋奖金奖的摩天大楼（图 7-31~ 图 7-33）。

7.2.3　"解构"建造

"解构"这个词最早应用于工业设计当中。赫尔曼·米勒设计的米拉椅可以在 15 分钟内被拆开，而且几乎所有的部件都可以被回收（图 7-34）。这种理念现在也被应用到建筑当中，使建筑具有可拆卸的灵活性与耐久性。赛

图 7-31　赫斯特大厦

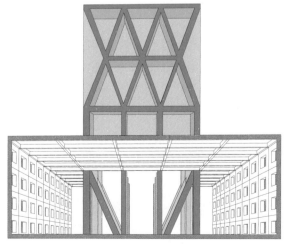

图 7-32　赫斯特大厦底层空间

图 7-33　赫斯特大厦结构框架示意图

图 7-34　米拉椅

图 7-35　赛璐玢（Cellophane）住宅

璐玢（Cellophane）住宅由 Kieran Timberlake 设计，整幢建筑都可以被拆卸、运输和重新组装，充分体现了再生、可循环、可持续发展的设计理念（图 7-35）。

7.3　立体花园——绿色植被的生命交响曲

7.3.1　立体绿化

绿植，是一种特殊的建筑材料。或者说，它和其他建筑材料一起，形成了可呼吸的建筑表皮。

20 世纪 80 年代，无土栽培开始用于建筑立面，"垂直花园"迅速变成一种时尚与流行。生态危机日益严重的今天，立体绿化作为某种比较易行的拯救手段，迅速成为人们关注的焦点。立体绿化具有占地面小、覆盖面大、绿化效果好且形式丰富的优势，是其他绿化方式很难达到的，所以在城市中应用尤为广泛。

从城市层面，立体绿化能够使城市降低热岛效应、提升区域空气质量、增加碳封存、为昆虫和鸟类等小动物提供栖息地、降低噪声影响等。一棵树冠直径 5m 的树或者 40m^2 绿植密集的植生墙可满足一个成年人一年的氧气需求量。绿植能够吸收二氧化碳，释放氧气。藤蔓植物叶片多，是同等体积树木碳封存量的 60~100 倍。

从建筑层面，立体绿化还能够提高建筑能效、提升内部空气质量、提升舒适度、保护建筑外墙、减少室内噪声等。空气单程进入 5cm 厚的植生墙，能被吸收掉 80% 的甲醛、50% 的甲苯、10% 三氯乙烯；每 1m^2 的植生墙可以有效过滤 100m^2 建筑面积的有害气体。极端天气下，暴露在外的立面温度变化范围可以从 -10℃ ~60℃，覆盖了植被的立面温度则从 5℃ ~30℃（图 7-36）。

7.3.2　立体绿化的设计

（1）新建建筑的绿化墙体

建筑设计与立体绿化设计应同步进行，植物选择应适宜地域气候环境，关注植被的后期养护，植物与建筑应共同形成生态节能体系。如新加坡极限住宅，各种吊兰属植物从二层墙面壁龛中垂挂出来，用隔板相间隔，使垂直立面成为立体花园的像素画。植物的幕墙除了能够美化空间，还能起到良好的通风效果，同时遮挡了雨水和强烈的日光，充分保障了室内的私密性，可谓一举多得（图7-37）。

（2）立面改造的绿化单元

对于改造类项目，植物选择也需慎重、合理；采用预制模块化改造，更加经济便捷。立面绿化改造，不仅能够改善室内外微气候，还能够有效丰富建筑原有立面。 如上海申都大厦改造项目，建筑师设计了模块化的绿化单元，模块适应工厂预制和现场拼装，模块上种植了攀爬植物，使整个建筑看起来生机勃勃、焕然一新（图7-38）。

（3）建筑室内的绿植装饰

越来越多的室内墙面、顶棚，也采用绿植作为装饰手段，不仅创造了舒适的室内空间，也提升了空间的艺术效果。对于这类室内植物墙，主要作用是营造氛围、增加自然元素，选用的绿植以及表现方式应该能够体现企业文化与装饰风格。由于绿植位于近人尺度，因此后期养护应该更加便捷、高效。如墨西哥餐厅，采用立管栽培的方式，在用餐区形成大片绿植墙，营造了自然的用餐环境，调节微气候，也突出餐厅特色文化氛围（图7-39）。

7.3.3 经典案例解析

（1）蒙特利尔泉水屋

这座建筑坐落在蒙特利尔市中心地区的一块未被定义的市民广场，建筑完全开放，在建筑顶层有个屋顶露台，

（a）立体绿化设计　　（b）植物选择　　（c）植物后期养护　　（d）生态节能体系

图7-36　立体绿化营造

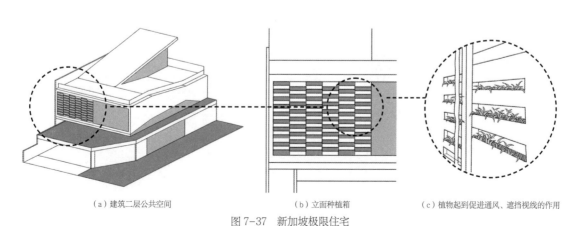

（a）建筑二层公共空间　　　　（b）立面种植箱　　　　（c）植物起到促进通风、遮挡视线的作用

图7-37　新加坡极限住宅

人们可以通过一道木梯到达这里，并拥有欣赏周围环境的全部景观视野。建筑师在建筑的表皮里面播撒了草种。慢慢地，植物、菌类和细小的微生物生长了出来，建筑表皮上长出了青青绿草。15天的时间里发生了巨大的变化。当人们倾听泉水叮咚的声音，感受着青草旺盛的生命力，我想，不仅仅是对绿色建筑、绿色建材，对生命的都有了不同的感悟（图7-40）！

（2）哈尔摩尼亚57号

这座建筑坐落在巴西圣保罗，像是一个具有生命的生物，随着时间的流逝，墙壁上植物的老化、生长与呼吸、挥发并发生变化。它使生命的演变过程处于不同的阶段，并在自然和人为因素（如下雨、植被生长、抽水、灌溉等）的影响下发生变化（图7-41、图7-42）。

该建筑将雨水收集、处理和再利用，从而创建了一

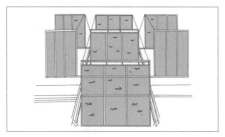

（a）绿化模块

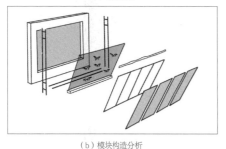

（b）模块构造分析

图7-38　上海申都大厦绿化改造

（a）餐厅室内绿植墙

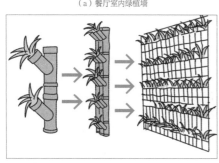

（b）绿植墙的组合方式

图7-39　墨西哥餐厅

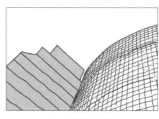

（a）表皮初始状态

（b）长出菌类和微生物

（c）长出青草

（d）形成片状植物

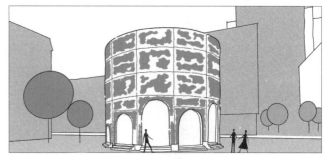

（e）15天的状态

图7-40　蒙特利尔泉水屋

个生态系统。整个建筑均采用雾化系统灌溉的植物立面
（图7-43）。密密麻麻的墙壁是由吸收水的有机混凝土
制成，并具有孔状壁以容纳多种植物，每个像素都是一簇
鲜活的植物。外部植物层的作用就像皮肤一样，可使内部
免受外部噪声和热量的影响。墙壁上植物种类的选择取决
于实际和美学考虑，某些种类会产生阴影，而另一些则会
在建筑物表面上爬行，从而为其他植物提供了湿度缓冲
（图7-44、图7-45）。

建筑还具有完全集成但技术简单的管道、集水器和水
箱的水力系统。建筑物的雨水和污水被重新利用，用于灌
溉系统和厕所，并防止直接流入地下。绿色屋顶有助于产
生新鲜空气，并为建筑物内部提供良好的热力条件，从而
减少了对空调的需求。"绿皮"和房子自身的供水系统、
保温系统互为整体，互相依存（图7-46、图7-47）。

设计师Triptyque曾经在第十一届威尼斯双年展的
谈话中明确表现出对那种"表面铺上绿色植被就草草了
事，依靠大量的能源来维护的建筑"的不满。他认为建
筑中的生态意义不仅要"绿"，还要使房子能够自己产

图7-41　哈尔摩尼亚57号外立面

图7-42　哈尔摩尼亚57号场景图

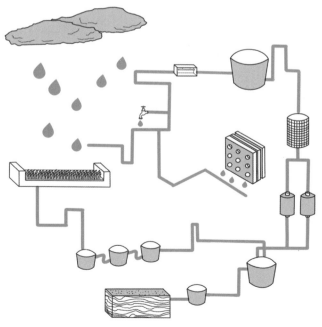

图7-43　水循环生态系统分析图

图7-44　生态植物幕墙

图7-45　植物幕墙场景图

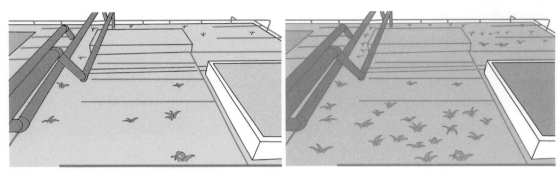

（a）初始状态　　　　　　　　　　　　　　　　（b）使用一段时间后的状态

图 7-47　建筑表皮

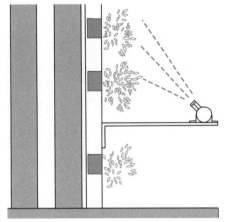

图 7-46　雾化系统灌溉的植物立面

出能量，并组织性地平衡自身的需要，完成自我的更新和修复。

　　人们不再认为植物只适合在土壤中顺应地心引力向下生长。当植物与建筑结合，当植物的排布与展示都经过精心计划，当建筑变成生长、发芽、开花的生命体，当它慢慢地、慢慢地长成自己喜欢的样子，它将呈现出一首动人的生命交响曲……

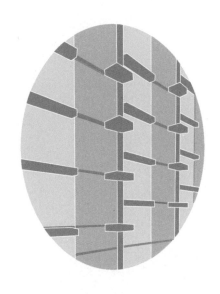

图表来源

图2-17：New Book Calls for an End to Our Fetish for Conditioned Skyscrapers. ArchDadily [EB/OL].（2010-02-01）[2022-07-05].

图2-21：https://www.archdaily.com/866864/new-book-calls-for-an-end-to-our-fetish-for-conditioned-skyscrapers.

图2-22：Alison G Kwok and Walter Grondzik. The Green Studio Handbook[M]. 2nd ed. Taylor and Francis，2017.

图2-42：百度百科. 上海中信广场[EB/OL]. [2022-07-05]. https://baike.baidu.com/item/%E4%B8%8A%E6%B5%B7%E4%B8%AD%E4%BF%A1%E5%B9%BF%E5%9C%BA.

图2-63：Jean Marie Tjibaou Cultural Center.Noum é a-Arquitectura Viva[EB/OL].（2015-03-01）[2022-07-05]. https://arquitecturaviva.com/works/centro-cultural-jean-marie-tjibaou-noumea-1.

图3-15：张彤.空间调节：中国普天信息产业上海工业园智能生态科研楼的被动式节能建筑设计[J].生态城市与绿色建筑，2010.

图3-25：路斌，赵世萍. 绿色建筑节能减排创新实践——以环境国际公约履约大楼为例[J]. 环境保护，2017.

图3-33：庄惟敏、祁斌、林波荣，环境生态导向的建筑复合表皮设计策略[M]. 北京：中国建筑工业出版社，2014.

图3-37：百度百科. 波茨坦广场[EB/OL]. [2022-07-05]. https://baike.baidu.com/item/%E6%B3%A2%E8%8C%A8%E5%9D%A6%E5%B9%BF%E5%9C%BA/1793735?fr=Aladdin.

图3-45：经典再读86-布雷根茨美术馆：湖水与天光.有方 [EB/OL].（2020-12-22）[2022-07-01]. https://www.archiposition.com/items/29d9242dc2.

图3-47：https://www.sbp.de/en/project/bundestag-plenary-hall/（Bundestag Plenary Hall-sbp）.

图3-60（a）来源：Laban Dance Centre, London. Arquitectura Viva[EB/OL].（2010-02-01）[2022-07-

01]. https://arquitecturaviva.com/works/centro-de-danza-laban-londres-8.

图3-60（b）: Herzog & de Meuron's Laban Dance Centre captured in new photographs.dezeen[EB/OL]. （2016-12-11）[2022-07-01]. https://www.dezeen.com/2016/12/11/herzog-de-meuron-laban-dance-centre-new-photographs-jim-stephenson/.

图3-61: Kunsthaus Graz Museum. PERFORMATIVE ARCHITECTURE[EB/OL]. （2014-03-25） [2022-07-01]. https://performativearc.wordpress.com/2014/03/25/graz-museum/.

图3-64: 德国安联球场设计欣赏.设计之家[EB/OL]. （2006-06-08）[2022-07-01]. https://big5.sj33.cn/architecture/jzsj/200606/8929.html.

图3-66: 昆士兰大学全球变化研究所. HASSELL. gooood[EB/OL]. （2013-11-09）[2022-07-01]. https://www.gooood.cn/global-change-institute-by-h.htm.

图4-6: 2021年AIA "25年奖" 结果揭晓，凤凰城Burton Barr中央图书馆获奖.有方[EB/OL]. （2021-08-01）[2022-07-01]. https://www.archiposition.com/items/20210508021016.

图4-13: 经典再读38-昌迪加尔首府建筑群：柯布的雄心.有方[EB/OL]. （2019-09-16）[2022-07-01]. https://www.archiposition.com/items/a2aa0b74f0.

图4-16: 闫泽彬. 复杂性编织表皮的风环境研究[D]. 北京建筑大学，2015.

图4-18: 为何被动式遮阳和通风将改变未来建筑的外观.景观中国网[EB/OL]. （2015-11-19）[2022-07-01]. http://www.landscape.cn/article/59847.html.

图4-20: Philipp Heer.Novartis Campus.lerichti[EB/OL]. [2022-07-01]. https://www.lerichti.ch/lerichti-gallery.

图4-27: 荷兰泰瑟尔岛Kaap Skil海事博物馆.迈丘设计[EB/OL]. [2022-07-01]. http://www.metrostudio.it/m/workInfo.aspx?id=980.

图4-29: 祖芬的 "P + R" 停车场.MoederscheimMoonen

Architects.ArchDaily[EB/OL].（2017-03-01）[2022-07-01]. https://www.archdaily.cn/cn/867306/zu-fen-de-p-plus-r-ting-che-chang-moederscheimmoonen-architects.

图4-31：PULGóN DISEÑO，夏天.自然的起伏：2012FLORIADE国际园艺博览会西班牙馆[J].室内设计与装修，2012.

图4-33（a）：Louver Haus 住宅.Smart Architecture.ArchDaily[EB/OL].（2014-10-03）[2022-07-01]. https://www.archdaily.cn/cn/755188/louver-haus-zhu-zhai-smart-architecture.

图4-34（a）：Hairstyle Interface.x Architekten.ArchDaily[EB/OL].（2009-11-14）[2022-07-01]. https://www.archdaily.com/40394/hairstyle-interface-x-architekten.

图4-35（a）：青森Nebuta节文化中心. Molo.d/dt.rank La Riviere Architects. ArchDaily[EB/OL].（2015-03-01）[2022-07-05]. https://www.archdaily.cn/cn/601195/qing-sen-nebutajie-wen-hua-zhong-xin-slash-molo-d-slash-dt-frank-la-riviere-architects.

图4-37：基弗技术展厅，施蒂利亚，奥地利.世界建筑[EB/OL].（2010-02-01）[2022-07-01]. https://www.wamp.com.cn/post/200.

图4-43：巴黎阿拉伯世界文化中心.让 努维尔.专筑网[EB/OL].（2016-04-06）[2022-07-01]. http://www.iarch.cn/thread-31877-1-1.html.

图4-45：陈海亮.光的渗透——对德国柏林GSW总部自然采光的简要分析[J].世界建筑，2004.DOI:10.16414/j.wa.2004.09.007.

图5-13：王伟，张义忠，刘博宇. 节能低耗绿色建筑的设计与创新技术介绍[J]. 山西建筑，2015（17）.DOI:10.13719/j.cnki.cn14-1279/tu.2015.17.102.

图5-23（a）：吴博.弗莱堡太阳能光电板生产厂接待中心，德国[J].世界建筑，2002（12）.DOI:10.16414/j.wa.2002.12.003.

图5-46：天津中新生态城城市管理服务中心办公楼改造.墨臣设计. ARCHINA[EB/OL]. （2010-02-01）[2022-07-01]. http://www.archina.com/index.php?g=works&m=index&a=show&id=11018.

图6-25：绚丽的像素大厦Pixel Building.Studio505.ZXCN筑讯网[EB/OL]. [2022-07-01]. http://www.zhuxuncn.com/articles/180663294.html.

图7-4：纳帕山谷多明莱斯葡萄酒厂.筑龙学社[EB/OL]. [2022-07-01]. https://bbs.zhulong.com/101010_group_201813/detail10005622/.

图7-7：纳帕山谷多明莱斯葡萄酒厂.筑龙学社[EB/OL]. [2022-07-01]. https://bbs.zhulong.com/101010_group_201813/detail10005622/.

图7-24：Freitag旗舰店.瑞士旅游[EB/OL]. [2022-07-01]. https://www.myswitzerland.com/zh-hans/experiences/freitag/.

图7-29：蒙特利尔世博会美国馆:像一颗漂亮的水晶球.建筑界[EB/OL]. （2020-02-18）[2022-07-01]. https://www.jianzhuj.cn/news/8870.html.

图7-35：Cellophane House.Kieran Timberlake[EB/OL]. [2022-07-01]. https://kierantimberlake.com/page/cellophane-house.

图7-39：赫斯特大厦.Foster and Partners. ArchDaily[EB/OL]. （2015-01-24）[2022-07-01]. https://www.archdaily.cn/cn/760368/he-si-te-da-sha-foster-and-partners.

图7-41：Maximum Garden House.formwerkz[EB/OL]. [2022-07-01]. https://formwerkz.com/projects-houses/.

图7-42：Harmonia 57. Triptyque.ArchDaily[EB/OL]. （2008-09-26）[2022-07-01]. https://www.archdaily.com/6700/harmonia-57-triptyque.

（未提及图表来源信息的为作者自绘图表）

参考文献

[1]　瓦里斯·博卡德斯，玛利亚·布洛克，罗纳德·维纳斯坦，张彤，顾震弘. 生态建筑学：可持续性建筑的知识体系[M]. 南京：东南大学出版社，2017.

[2]　张宏儒. 适应夏热冬冷气候的绿色公共建筑设计导则[M]. 北京：中国建筑工业出版社，2021.

[3]　崔愷. 适应寒冷气候的绿色公共建筑设计导则[M]. 北京：中国建筑工业出版社，2021.

[4]　陈吉光，马海滨. 绿色建筑与绿色建造[M]. 武汉：武汉理工大学出版社，2020.

[5]　郭颜凤，池启贵. 绿色建筑技术与工程应用[M]. 西安：西北工业大学出版社，2020.

[6]　刘加平，董靓，孙世钧. 绿色建筑概论[M]. 北京：中国建筑工业出版社，2020.

[7]　赵先美. 生活中的绿色建筑[M]. 广州：暨南大学出版社，2019.

[8]　付祥钊，丁艳蕊. 中国住宅与公共建筑通风进展2020[M]. 北京：中国建筑工业出版社，2020.

[9]　李传成. 大空间建筑通风节能策略[M]. 北京：中国建筑工业出版社，2011.

[10]　王燕飞. 面向可持续发展的绿色建筑设计研究[M]. 北京：中国原子能出版社，2018.

[11]　阿吉拉·阿克萨米加，珀金斯+威尔建筑师事务所. 可持续性建筑立面设计[M]. 雷祖康，袁怡欣，张叶，译. 北京：中国建筑工业出版社，2018.

[12]　玛丽·埃莱娜·孔塔尔，贾娜·雷维丁. 走向建筑与城市规划的可持续设计[M]. 苏怡，齐勇新，译. 北京：中国建筑工业出版社，2012.

[13]　崔愷，刘恒. 绿色建筑设计导则 建筑专业[M]. 北京：中国建筑工业出版社，2021.

[14]　何建清. 荷兰可持续建筑实例[M]. 北京：中国建筑工业出版社，2010.

[15]　李传成. 大空间建筑通风节能策略[M]. 北京：中国建筑工业出版社，2011.

[16]　金占勇. 装配式建筑可持续发展的理论与实践[M]. 北京：中国建筑工业出版社，2021.

[17] 梁益定. 建筑节能及其可持续发展研究[M]. 北京：北京理工大学出版社有限责任公司，2019.

[18] 黄昭雄. 大都市区空间结构与可持续交通[M]. 北京：中国建筑工业出版社，2012.

[19] 梁方岭. 节能型建筑幕墙设计、施工与安全管理[M]. 北京：中国建筑工业出版社，2019.

[20] 中国建筑标准设计研究院. 国家建筑标准设计图集 双层幕墙[M]. 北京：中国计划出版社，2007.

[21] 魏峰. 当代建筑设计与可持续发展研究[M]. 北京：北京工业大学出版社，2019.

[22] 郝洛西，曹亦潇. 光与健康[M]. 上海：同济大学出版社，2021.

[23] 吴冬梅. 建筑空间绿色采光与照明技术理论与方法研究[M]. 长春：吉林大学出版社，2015.

[24] 边宇. 建筑采光[M]. 北京：中国建筑工业出版社，2019.

[25] 赵锂，刘永旺，李星，等. 建筑水系统微循环重构技术研究与应用[M]. 北京：中国建筑工业出版社，2020.

[26] 桃丽丝·哈斯–阿尔恩特. 水循环系统[M]. 柳美玉，杨璐，译. 北京：中国建筑工业出版社，2011.

[27] 俞孔坚. 海绵城市[M]. 北京：中国建筑工业出版社，2016.

[28] 奈杰尔·邓尼特，诺埃尔·金斯伯里. 屋顶绿化与垂直绿化[M]. 甘德欣，何丽波，译. 北京：中国建筑工业出版社，2016.

[29] 安东尼·伍德，帕亚姆·巴拉米，丹尼尔·萨法里克. 高层建筑的垂直绿化[M]. 季慧，译. 桂林：广西师范大学出版社，2014.

[30] 李峥嵘，赵群，展磊. 建筑遮阳与节能[M]. 北京：中国建筑工业出版社，2009.

[31] 白胜芳. 建筑遮阳案例集锦：公共建筑篇[M]. 北京：中国建筑工业出版社，2013.

[32] 岳鹏. 建筑遮阳技术手册[M]. 北京：化学工业出版社，2014.

[33] 乔瓦尼·莱奥尼. 世界著名建筑大师作品点评丛书：诺曼·福斯特[M]. 李梦非，译. 大连：大连理工大学出版社，2011.

[34] 伦佐·皮亚诺建筑工作室. 伦佐·皮亚诺全集[M]. 袁承志，等，译. 北京：中国建筑工业出版社，2021.

[35] 王俊，王清勤，叶凌. 国外既有建筑绿色改造标准和案例[M]. 北京：中国建筑工业出版社，2016.

[36] 赵伟，狄彦强，张宇霞，等. 医院建筑绿色改造工程案例集[M]. 北京：中国建筑工业出版社，2015.

后记

书稿付梓，一年多来的撰写即将告一段落，其中有很多感触。这个过程既是对既有知识体系的再梳理，也是再学习的过程。既有辛苦，也有满足。对一个科研工作者来说，能够投入于一件热爱的事情，并为之努力，辛苦也是幸福。期待此书的出版和读者的反馈，期待能尽绵薄之力，真实有益于绿色建筑领域教学及科研的发展。

感谢北京建筑大学建筑与城市规划学院，感谢绿色建筑与节能技术北京市重点实验室。本书受到北京未来城市设计高精尖创新中心课题（UDC2019032124）、北京市教委科研计划项目（KM201410016011）资助。

本书采用了图解的方式，有大量的图示和分析，感谢我的研究生战晓琦、宋铭、李昊雨、丁炜豪等，感谢北京建筑大学毕业生陈宇，为本书所做的绘制和整理工作。于他们，可能是一次学习的过程，于我们而言，是一次宝贵的团队合作经历。

感谢亲人对我的支持与呵护，师长、领导对我的指导，朋友、同事对我的鼓励，感谢中国建筑工业出版社徐冉、黄习习编辑对我的真挚督促和对本书的悉心编排。

一个阶段的结束即是另一个新的开始。期待有更多的同路人，期待在这条路上走得更远，期待更美好的家园……

俞天琦

2022 年 8 月于北京